NIKLAS KÄMPARGÅRD
RAUS AUFS LAND

Niklas Kämpargård

RAUS AUFS LAND

100
Schritte zu einem naturverbundenen Leben

Aus dem Schwedischen übersetzt
von Frauke Watson

Deutsche Verlags-Anstalt

ALLE ANGABEN, TIPPS UND REZEPTE IN DIESEM BUCH WURDEN NACH BESTEM WISSEN ERSTELLT. FÜR DIE RICHTIGKEIT UND VOLLSTÄNDIGKEIT DER ANLEITUNGEN, TIPPS UND REZEPTE KANN JEDOCH KEINE HAFTUNG ÜBERNOMMEN WERDEN. DES WEITEREN WIRD KEINE HAFTUNG ÜBERNOMMEN FÜR FEHLERHAFTE ZUBEREITUNG UND ANWENDUNG, AUCH NICHT FÜR GESUNDHEITSSCHÄDEN DURCH UNSACHGEMÄSSE HANDHABUNG.

DIE ANWENDUNGEN UND REZEPTE IN DIESEM BUCH BIETEN KEINEN ERSATZ FÜR EINE THERAPEUTISCHE ODER MEDIZINISCHE BEHANDLUNG, IM ZWEIFELSFALL SOLLTE EIN ARZT ZU RATE GEZOGEN WERDEN.

DIE IN DEM JEWEILIGEN LAND HERRSCHENDEN GESETZLICHEN VORSCHRIFTEN ZUM UMGANG MIT TIEREN SOWIE BAUVORSCHRIFTEN MÜSSEN UNBEDINGT BEACHTET WERDEN. SIE KÖNNEN VON DEN IN SKANDINAVIEN GELTENDEN REGELUNGEN UND USANCEN ABWEICHEN.

DER VERLAG WEIST AUSDRÜCKLICH DARAUF HIN, DASS IM TEXT ENTHALTENE EXTERNE LINKS VOM VERLAG NUR BIS ZUM ZEITPUNKT DER BUCHVERÖFFENTLICHUNG EINGESEHEN WERDEN KONNTEN. AUF SPÄTERE VERÄNDERUNGEN HAT DER VERLAG KEINERLEI EINFLUSS. EINE HAFTUNG DES VERLAGS IST DAHER AUSGESCHLOSSEN.

AUS DEM SCHWEDISCHEN ÜBERSETZT VON FRAUKE WATSON

1. AUFLAGE
COPYRIGHT © DER DEUTSCHSPRACHIGEN AUSGABE 2017
DEUTSCHE VERLAGS-ANSTALT, MÜNCHEN,
IN DER VERLAGSGRUPPE RANDOM HOUSE GMBH
ALLE RECHTE VORBEHALTEN

TITEL DER SCHWEDISCHEN ORIGINALAUSGABE: LEV SOM EN BONDE – 100 SÄTT ATT KLARA SIG SJÄLV
TEXT UND FOTOS © NIKLAS KÄMPARGARD; S. 12 KRISTINA KÄMPARGARD
ILLUSTRATIONEN © LUKAS MÖLLERSTEN
FIRST PUBLISHED BY NORSTEDTS, SWEDEN, 2016
PUBLISHED BY AGREEMENT WITH NORSTEDTS AGENCY

LAYOUT UND UMSCHLAGGESTALTUNG: LUKAS MÖLLERSTEN
FACHLICHE DURCHSICHT: DR. WOLFGERT ALSING, FREISING, FÜR DIE KAPITEL 008, 009,
010, 012, 013 UND 086 SOWIE FÜR DIE NEUFASSUNG DER KAPITEL 011 UND 018.
SATZ DER DEUTSCHEN AUSGABE: BOER VERLAGSSERVICE, GRAFRATH
PRODUKTION DER DEUTSCHEN AUSGABE: MONIKA PITTERLE/DVA
LITHOGRAFIE: JK MORRIS PRODUCTION AB, VÄRNAMO
DRUCK UND BINDUNG: GPS GROUP P.E., LJUBLJANA
PRINTED AND BOUND IN SLOVENIA
ISBN 978-3-421-04056-5

WWW.DVA.DE

INHALT

Vorwort 13

GRÜNE WOHLTÄTER

001 Gärtnern ohne Gift – Unkräuter überlisten 15
002 Essbare Kräuter 16
003 Heilpflanzen – Die Hausapotheke aus dem Garten 18
004 Alt bewährte Hausmittel 21
005 Haltbar machen durch Milchsäuregärung 22
006 Frische Ernte auch im Winter 25
007 Kräuter selbst trocknen 26

NUTZTIERE

008 Schafe – Rasenmäher und Landschaftsgärtner 29
009 Hühner – Immer frische Eier 30
010 Bienen – Honig und Pollen aus eigener Produktion 33
011 Das Pferd – dein unentbehrlicher Helfer 34
012 Ziegen – Die pflegeleichtesten Nutztiere 37
013 Schweine 38
014 Selbst Heu machen 41
015 Kleine Düngerkunde 42
016 Fell und Leder selbst gerben 44
017 Nähen und Werken mit eigenem Leder 47

FRISCHES FLEISCH AUF DEM TISCH

018 Selbst Schlachten? Wer das möchte, muss etliche Hürden nehmen 48

019 Fleisch muss abhängen 50

020 Luftgetrockneter Schinken – eine Delikatesse 52

021 Fleisch und Fisch räuchern 55

022 Bratwurst-Klassiker aus eigener Herstellung 56

023 Gehacktes vom Lamm, Rind, Schwein oder Wild 59

024 Kochen in der Kochgrube 62

OBST UND GEMÜSE

025 Licht und Luft in den Garten lassen 65

026 Veredeln leichtgemacht 66

027 Leckere Obstsorten – Äpfel, Birnen, Kirschen, Pflaumen 69

028 Beeren sorgen im Winter für Farbe 70

029 Obst und Gemüse einfrieren 74

030 Apfelmus kochen 75

031 Saft kochen – Wie zu Großmutters Zeiten 76

032 Selbstgemachter Apfelmost 79

033 Erfrischendes Birkensaftgetränk 80

034 Selbstgebrautes Bier 83

035 Malztreberbrot 84

PFLANZEN SELBST KULTIVIEREN

036 Pflanzen aus Stecklingen ziehen 87

037 Pflanzensamen sammeln 88

038 Vorkeimen für eine zeitigere Ernte 90

039 Kartoffeln im Pflanztopf vorkeimen 93

040 Tomaten aus dem Eimer 94

041 Dünger auch ohne Hoftiere 97

042 Seetang als Gartendünger 98

043 Ein sonniges Plätzchen für den Kräutergarten 101

044 Frühbeete 102

045 Bestäuben – Reichen Insekten dafür aus? 105

046 Die Ernte mit Gartenvlies vorziehen 106

047 Kohl von der Saat bis zur Ernte 109

048 So klappt es mit Dill und Petersilie 112

049 Der Kräutergarten 115

050 Pflanzen, die man immer wieder ernten kann 116

051 Pflanzenschutzmittel selbst gemacht 119

052 Kleine Gewächshauskunde 120

053 Netze und Gartenvlies 123

054 Obst und Gemüse einlagern 124

DER NATÜRLICHE GARTEN

055 Eine Naturwiese anlegen 127

056 So fühlen sich Vögel und Insekten im Garten wohl 128

057 Den Garten vor Wildverbiss schützen 131

058 Die Schneckenplage bekämpfen 132

059 Regenwasser sammeln 135

060 Garten und Felder bewässern 136

061 Nistkästen selbst bauen 139

062 Vögel füttern im Winter 140

PLANUNG UND KONSTRUKTION

063 Windschutzhecken 143

064 Ein Zaun aus Fichtenholz 144

065 Dauerhaft haltbare Holzzäune 147

066 Das rechte Holz für den rechten Zweck 148

067 Trockensteinmauern – praktisch und haltbar 151

068 Kopfsteinpflaster selbst verlegen 152

069 Regenwasser ableiten 155

070 Dächer aus Naturmaterialien 156

071 Einen Erdkeller bauen 159

072 Ein unterirdischer Kühlschrank aus Betonröhren 160

073 Erste Hilfe für den Notfall 162

SCHEUNEN UND ANDERE NEBENGEBÄUDE

074 Ställe und Schuppen instand setzen 165

075 Einen Stall selbst bauen 166

076 Ein Hühnerhaus selbst bauen 169

077 Außentoiletten 170

078 Ein Gewächshaus aus alten Fenstern 173

079 Ein natürlicher Kalkanstrich 174

080 Holzteer als Holzschutzmittel 177

ALTBEWÄHRTE METHODEN

081 Fruchtfolge- oder Felderwirtschaft 179

082 Selbst kompostieren 180

083 Vielseitige Nutzung von Herbstlaub 185

084 Mutterboden selbst aufbereiten 186

085 Seife und Shampoo selbst herstellen 188

086 Eigene Fische 191

087 Der Mückenplage Herr werden 192

088 Fliegenfänger gegen lästige Störenfriede 195

089 Ratten und Mäuse von Haus und Hof fernhalten 196

090 Bäume fällen wie ein Profi 199

091 Eigenes Kaminholz machen 201

092 Brennholz richtig trocknen und lagern 202

093 Kleine Wetterkunde 205

STROM UND FAHRZEUGE

094 Ein Notstromaggregat als Energiereserve 207

095 Ein Windkraftwerk im Garten 208

096 Die richtige Zugmaschine 211

097 Der richtige Anhänger 212

098 Schweißen für den Hausgebrauch 215

099 Photovoltaik – Energie aus Sonnenstrahlen 216

100 Solarkollektoren 219

Register 221

Dank 224

VORWORT

ES IST SCHON eine gewisse Herausforderung, Selbstversorger zu sein, in unmittelbarer Nähe der Natur zu leben und sich von ihren reichen Gaben zu ernähren. Wenn Obst und Gemüse aus dem eigenen Garten kommen und Wildbret, Pilze und Feuerholz aus dem Wald hinter dem Haus, dann erfüllt einen das schon mit einem gewissen Stolz.

Ich selbst bin auf dem Bauernhof groß geworden, und dort war jeder Tag ein kleines Abenteuer. Ich habe meine Mutter auf meinem Kindertraktor über das Stoppelfeld begleitet, um dem Papa Butterbrote und heißen Kaffee aufs Feld zu bringen. Zu Anfang waren es es Traktoren und Maschinen, die mich besonders faszinierten, doch später bekam ich ein eigenes Pferd, und das erforderte dann meine ganze Aufmerksamkeit. Schon als Teenager begann ich mich für Selbstversorgung zu interessieren und belegte mehrere Kurse für Überlebenstraining. Ich lernte, wie man in der freien Natur Nahrung findet und über dem eigenen Feuer zubereitet, schlief bei bitterster Kälte auf freiem Feld, legte Vogelfallen an und schnitzte Angelhaken aus Holz und Knochen.

Und schon als ganz kleiner Junge liebte ich die Gartenarbeit. Ich wünschte mir sehnlichst ein Gewächshaus, doch stattdessen halfen mir die Eltern, aus alten Fenstern ein Frühbeet selbst zu bauen. Das wurde auf dem Lande nun einmal so gemacht; man bewahrte alles auf, weil man sich sicher sein konnte, es zu einem späteren Zeitpunkt bestimmt für etwas anderes gebrauchen zu können.

Eigentlich gibt es keine bessere Schule als so einen Bauernhof. Umgeben von Nutztieren, Feldern, Garten und landwirtschaftlichen Maschinen lernt die gesamte Familie die Abläufe der Natur kennen. Aber natürlich kann man die Nähe zur Natur auch suchen, wenn man in der Stadt oder am Stadtrand wohnt. Selbst wenn kein Platz für einen eigenen Garten vorhanden ist, gibt es reichlich Gelegenheit für Waldspaziergänge und Ausflüge ins Umland. Oder wie wäre es mit einem Schrebergarten? Auch in den Städten gibt es inzwischen mehr und mehr Gemeinschaftsgärten, in denen man sich die Gartenarbeit und später die Ernte brüderlich teilt. Und das ohne großen finanziellen Aufwand und mit sozialem Mehrwert!

Heute, wo es immer weniger Bauernhöfe gibt, trifft man allerdings auch auf eine immer stärker werdende Gegenbewegung, die sich für Selbsthilfe und Selbstversorgung interessiert. Denn zwar finden sich inzwischen die meisten von uns auf Google zurecht, können Rechnungen über das Handy bezahlen und rufen bei Problemen mit dem Internet die Hotline an. Meetings, Trainingsprogramme und Kinderbetreuung werden minutiös geplant. Aber wer von uns weiß noch, wie man im eigenen Garten Blumen- und Gemüsesamen sammelt, wie man ein Huhn schlachtet oder ein Lagerfeuer anzündet? Noch vor etwa dreißig Jahren war dieses Wissen einem Großteil der Bevölkerung vertraut; heute ist dem nicht so. Doch inzwischen gewinnt all das wieder an Bedeutung , und hat man es erst einmal mit der Selbstversorgung versucht, wird man bald süchtig danach und sucht nach immer neuen Möglichkeiten, autark zu leben.

Es ist schon ein tolles Gefühl, wenn man sich im Kleinen wie im Großen selbst zu helfen weiß. Ob man eigene Tomaten auf dem Balkon anpflanzt oder selbst einen Hühnerstall gebaut hat: der Stolz und die Zufriedenheit sind gleich. Ich hoffe, dass Sie in diesem Buch Ideen und Anregungen finden, um einen Schritt näher – und sei er auch noch so klein – an ein bewussteres, selbstbestimmteres Leben heranzukommen.

Sölvesborg, 2016
NIKLAS KÄMPARGÅRD

001
Gärtnern ohne Gift

UNKRÄUTER ÜBERLISTEN

JA, MAN KANN dem Unkraut tatsächlich auch ohne Chemikalien Herr werden! Am besten geht das, indem man frühzeitig mit dem Jäten beginnt. Sobald die kleinen Unkrautpflänzchen Blätter gebildet haben, wachsen sie sehr viel schneller.

Nach einer gewissen Zeit erreicht eine Pflanze den sogenannten Kompensationspunkt, an dem sie ebenso viel Energie in ihr Wachstum steckt, wie sie durch Photosynthese gesammelt hat. Zu diesem Zeitpunkt reagiert sie am empfindlichsten auf Störungen.

UNKRAUT	WACHSTUMS-PERIODE	KOMPENSATIONS-PUNKT
Löwenzahn	Frühling und Herbst	Frühes Knospenstadium
Quecke	Frühling und Herbst	3–4 Blätter
Ackerkratzdistel	Frühling und Sommer	8–10 Blätter
Acker-Gänsedistel	Frühling und Sommer	5–7 Blätter
Beifuß	Frühling und Herbst	Frühes Knospenstadium
Giersch	Frühling bis Herbst	5–10 Blätter
Huflattich	Frühling	3–5 Blätter

MULCHEN ist eine andere bewährte Methode zur Unkrauteindämmung. Dabei deckt man den Boden rund um die Pflanzen mit Mulchmaterial ab. Es kommt weniger Licht an den Boden, das Unkraut kann schwer Fuß fassen und der Boden trocknet außerdem nicht so schnell aus, wodurch auch weniger Treibhausgase freigesetzt werden.

Grasabfälle sind dafür ebenfalls gut geeignet. Bedecken Sie das Anzuchtsubstrat mit einer dicken Schicht Grasschnitt und ziehen Sie eine schmale Rinne hinein, in die Sie dann die Saat setzen. Das Gras sorgt außerdem für zusätzliche Düngung, ein Energiekick, der dem Boden gut tut. Wenn Sie keinen Rasen haben, hilft Ihnen vielleicht der Nachbar aus. Wichtig ist, dass das Gras frisch geschnitten ist. Alternativ sind auch Zeitungspapier, Stroh oder Silage als Abdeckungsmaterial geeignet.

TIPPS ZUR UNKRAUTVERMEIDUNG

→ Blühende Unkräuter jäten, bevor diese ihre Saat verstreuen.
→ Die richtige Pflanze am rechten Ort: Kräftige Pflanzen können sich besser gegen Unkräuter behaupten.
→ Stets gesunde und widerstandskräftige Sorten verwenden, egal ob im Blumen- oder Gemüsegarten.
→ Immer hochwertigen Boden, Komposterde oder selbst aufbereitetes Substrat verwenden.
→ Die Pflanzen regelmäßig pflegen, jedoch mit Maß düngen.
→ So oft wie möglich jäten.
→ In dichten Reihen pflanzen oder die Unkräuter durch Mulchen ersticken.
→ Gartenvlies ist zwar nützlich, aber hässlich.
→ Spundwände aus Metall oder Plastik einsetzen, damit sich Wurzelunkräuter nicht weiter verbreiten können.
→ Hochbetten verhindern das Wachstum bereits in der Erde vorhandener Wurzelunkräuter.

Letzten Endes jedoch sollte man Geduld haben und sich ein dickes Fell zulegen. Und denken Sie daran: Gut genug ist gut genug! Ein allzu perfekter Garten ist im Grunde auch kein so schöner Anblick.

002
Essbare Kräuter

HIER FINDEN SIE eine Liste von guten und altbewährten Kräutern, mit denen man Salate, Suppen und Eintöpfe wunderbar aufpeppen kann.

BACH-NELKENWURZ (*Geum rivale*) bevorzugt, wie der Name schon sagt, feuchten, nährstoffreichen Boden. Die Stiele schmecken gut gedünstet; getrocknet wird daraus ein schmackhafter, leicht nach Kakao schmeckender Tee. Die Blüten sind ebenfalls essbar. Gehackte Blätter schmecken in Suppen und Eintöpfen.

FETTHENNE (*Sedum telephium*) Früher hat man sowohl die Blätter als auch die Wurzeln gegessen. Sie schmecken roh und als Suppengemüse. Gebraten ist Fetthenne sehr lecker als Gemüsebeilage zu Fisch.

LINDE (*Tilia cordata*) Die Blüten haben ein feines Honigaroma und sind sowohl in frischer als auch in getrockneter Form als Tee beliebt (siehe Abbildung). Man spricht ihm eine beruhigende Wirkung zu, auch hilft er bei Erkältungen, Infektionen und Fieber. Ganz frische Lindenblätter schmecken gut im Salat.

KNOBLAUCHSRAUKE (*Alliaria petiolata*) Schon im 17. und 18. Jahrhundert schätzte man Knoblauchsrauke für Stockfischgerichte und als frischen Brotbelag. Sehr lecker auch fein gehackt in Sahnesaucen. Man sollte sie frisch verwenden, denn getrocknet verliert sie stark an Geschmack.

BRENNNESSEL (*Urtica dioica*) Die frischen Blätter schmecken gedünstet, als Suppe oder als Brotgewürz. Getrocknet und gemahlen eignen sie sich als Zutat in Kräutertee und Müsli sowie als Sandwichgewürz. Nicht in der Nähe von Misthaufen pflücken, da die Pflanzen Nitrat einlagern, das in größeren Mengen schädlich ist.

WEISSER GÄNSEFUSS (*Chenopodium album*) Das klassische Unkraut ist reich an Protein, probieren Sie es einmal zu Fleisch- und Fischgerichten anstelle von Spinat. Frische Stängel werden wie Spargel gekocht oder gebraten. Die frischen oder getrockneten Samen schmecken in Grießbrei, Eintopf oder Suppen.

FLIEDER (*Syringa vulgaris*) Die wohlduftenden Blüten sind nicht nur in der Vase schön, sondern man kann sie auch zu Gelee, Saft oder sogar Konfitüre verarbeiten. Die frischen Blüten sind eine wohlschmeckende Dekoration auf Kuchen und in Salaten.

VIOLA (*Viola spec.*) Veilchen- und Stiefmütterchenblüten sind nicht nur als Dekoration wunderschön, sondern auch essbar. Mit Veilchensirup kann man wunderbar lila schimmernde Erfrischungsgetränke mixen.

VOGELMIERE (*Stellaria media*) ist reich an Kohlehydraten, Protein und sogar Vitamin C. Man verwendet sie vor allem in Salaten, aber auch in Smoothies ist sie sehr gesund. Vogelmiere schmeckt gut in Suppen, Quiches und Eintöpfen. Probieren Sie sie auch einmal als Pesto oder anstelle von Spinat.

← Aus getrockneten Lindenblüten kann man einen ausgezeichneten Tee kochen.

003
Heilpflanzen

DIE HAUSAPOTHEKE AUS DEM GARTEN

FRÜHER, ALS ES NOCH keine synthetischen Arzneimittel gab, bediente man sich im Medizinschrank der Natur. Auch heute noch werden viele Medikamente auf der Basis natürlicher Substanzen hergestellt. Die Wirkstoffe des Fingerhuts (*Digitalis*) zum Beispiel werden in synthetischer Form bei Herzkrankheiten angewandt. Doch Vorsicht: Fingerhut ist eine tödlich giftige Pflanze, von der man selbst unbedingt die Finger lassen sollte!

BREITWEGERICH (*Plantago major*) Die frischen oder getrockneten Blätter als Tee aufgegossen helfen bei Reizhusten und Atembeschwerden. Frische Blätter schmecken auch im Salat oder in Eintöpfen, doch besonders wirksam sind sie als Erste Hilfe bei Insektenstichen. Dafür ein sauberes Blatt zwischen den Fingern reiben oder im Mörser zerstoßen, um den Saft freizusetzen. Das zerstoßene Blatt zwischen zwei Kompressen oder einen sauberen Baumwolllappen legen und auf der Wunde platzieren. Für einen Absud 1 Deziliter Blätter mit ½ Liter kochendem Wasser übergießen. Breitwegerich ähnelt im Geschmack einem Rhabarbersaftgetränk.

DILL (*Anethum graveolens*) ist das klassische Fischgewürz und außerdem sehr wirksam bei Verdauungsbeschwerden, Blähungen und Appetitlosigkeit. *Rezept:* 1 Teelöffel zerstoßene Dillsamen mit 1 Liter kochendem Wasser übergießen und 10 Minuten ziehen lassen. Zweimal täglich eine Tasse davon trinken.

EBERESCHE (*Sorbus aucuparia*) Man kennt Vogelbeeren als Sirup oder als Gelee und Konfitüre. Sie schmecken auch gut in Brot und Getreidebrei (vorher im Mörser zerstoßen). Getrocknete Vogelbeeren eigenen sich als Müslizutat. Sie haben antibakterielle Wirkung und sind als Tee unter anderem gut gegen Durchfall.

FENCHEL (*Foeniculum vulgare*) Die Samen sind ein beliebtes Gewürz in Eintöpfen und Gebäck, darüber hinaus sind sie wirksam bei Verdauungsbeschwerden, Blähungen und Husten. *Rezept:* 1 Teelöffel zerstoßene Fenchelsamen mit 1 Liter kochendem Wasser übergießen und 10 Minuten ziehen lassen. 2 bis 5 Mal täglich eine Tasse davon trinken.

FRAUENMANTEL (*Alchemilla spec.*) wächst auf Wiesen, in lichten Wäldern und Gebüschen. Er ist ein sehr vielseitiges Heilkraut, das als Tee bei Frauenleiden, Problemen der Atemwege und des Magen-Darm-Trakts sowie zur Wundheilung eingesetzt wird. Er enthält Gerbstoffe, die adstringierend und gewebestärkend wirken. *Rezept:* Etwa 75 Gramm frische Blätter einige Minuten in 1½ Liter Wasser kochen. Vom Herd nehmen und noch 10 Minuten ziehen lassen. Als Tee trinken oder eine Kompresse in der Flüssigkeit tränken und auf die Wunde legen. Der Absud ist auch zum Säubern von Wunden gut geeignet.

GAGELSTRAUCH (*Myrica gale*) wächst auf Feuchtwiesen und an Wasserläufen. Er wurde früher als Geschmackszusatz in Nahrungsmitteln und Getränken verwendet, doch vor allem, um lästige Insekten fernzuhalten. Reiben Sie sich dafür mit einem frischen Blatt ein oder hängen Sie einen Strauß in den Kleiderschrank oder die Garderobe.

HIMBEERE (*Rubus idaeus*) Sowohl als Wildpflanze als auch im Garten ein außerordentlich nützlicher Strauch, und das nicht nur wegen der leckeren Beeren. Die Blätter enthalten antioxidierende Polyphenole sowie Oxytoxin. Frisch oder getrocknet als Tee genossen, wirken sie lindernd und beruhigend bei einer Reihe von Krankheiten und Beschwerden.

MINZE (*Mentha spec*) Minze ist in den meisten Kräutergärten zu finden, sowohl als Kulturpflanze als auch in ihrer Wildform als Wasser- oder Ackerminze. Sie ist sehr wohlschmeckend und daher ein beliebter Geschmackszusatz in Nahrungsmitteln, Getränken, Medikamenten und Zahnpflegeprodukten. Minze enthält den Wirkstoff Menthol, der antiseptisch, schleimlösend und erfrischend wirkt.

ROSMARIN (*Rosmarinus officinalis*) ist ein fantastisches Küchengewürz, das als Tee genossen besonders auch nach Infektionskrankheiten aufmunternd wirkt. *Rezept:* Je 1 Teelöffel Rosmarinblätter pro Tasse kaltes Wasser langsam zusammen aufkochen. Morgens und abends je eine Tasse davon trinken. Im Badewasser verschafft Rosmarin Linderung bei Rheuma, Gicht und niedrigem Blutdruck. Dafür 50 Gramm Rosmarin in 1 Liter Wasser aufkochen, 10 Minuten stehen lassen und den Absud ins Badewasser geben.

SCHAFGARBE (*Achillea millefolium*) wurde schon seit jeher bei den verschiedensten Beschwerden angewendet. Sie regt den Appetit an und wirkt krampflösend, antiseptisch und fiebersenkend. Bei Verletzungen wirkt sie örtlich schmerzlindernd, bei größeren Wunden blutstillend, und sie hilft bei Geschwüren und Ekzemen. Wenn man sich mit den frischen Blättern einreibt, hält das die Mücken fern. *Tee:* 1 Handvoll Schafgarbenblüten mit 200 Milliliter kochendem Wasser aufgießen, zugedeckt 10 Minuten ziehen lassen. Hilft bei Appetitlosigkeit und Magenkrämpfen. *Absud zur Wundbehandlung:* 300 Milliliter kochendes Wasser auf 3 Handvoll gehackte Schafgarbe, 15 Minuten ziehen lassen. Zum Reinigen der Wunde und als Umschlag bei Schwellungen.

GRÜNE WOHLTÄTER

004
Altbewährte Hausmittel

Für mich sind in vielen Fällen die so oft belächelten und häufig auch in Frage gestellten traditionellen Hausmittel die besten Helfer:

ERKÄLTUNG: Ein Glas Honig im Schrank ist schon die halbe Miete. Honig wirkt antibakteriell und ist daher ideal bei Erkältungen und kleineren Wunden einsetzbar. Ein Teelöffel Honig am Tag ist gut für einfach alles außer den Zähnen. Und möglicherweise die Hüften.

MUNDGERUCH: Eine Mundspülung aus 1 Teelöffel Natron auf einem Glas Wasser verwenden oder einen Stängel frische Petersilie oder Salbeiblätter kauen. Alternativ: Mit Zitronenwasser gurgeln.

DURCHFALL: 1 Esslöffel ungekochter Reis in einem Glas Wasser soll gegen Durchfall helfen, empfiehlt sich jedoch nicht bei empfindlichem Magen. In diesem Fall kann ein hartgekochtes Ei mit etwas Essig helfen.

BLÄHUNGEN: Je 1 Esslöffel Kümmel, Fenchelsamen und Kardamomkapseln mischen und zwischen den Mahlzeiten kauen.

KOPFSCHMERZEN: Kamille, Erikablüten und Pfefferminze zusammen in Wasser aufkochen, den Tee mindestens 5 Minuten ziehen lassen.

SCHLECHTE DURCHBLUTUNG: Rosmarin, Lavendel und Fichtennadeln in das heiße Badewasser geben und darin entspannen. Das weckt garantiert die Lebensgeister.

TROCKENE HAUT: Haferflocken mit kaltem Wasser verrühren und die trockenen Hautpartien damit einreiben. Auch Olivenöl oder Aloe Vera schaffen Linderung bei trockener Haut. Oder geben Sie ein paar Tropfen Honig auf eine Zitronenhälfte und reiben Sie die betroffenen Partien damit ab.

WINTERDEPRESSIONEN: Gehen Sie so oft wie möglich nach draußen ans Tageslicht. Viel Bewegung tut ebenfalls gut. Vermeiden Sie Kaffee und Alkohol und essen Sie stattdessen vitaminhaltige Früchte wie Orangen, Pampelmusen, Birnen und Pflaumen. Bei stärkeren Stimmungsschwankungen sollte man jedoch unbedingt den Arzt aufsuchen.

SCHLAFSTÖRUNGEN: Heiße Milch ist der absolute Klassiker, gefolgt von Kamillentee. Der Duft von Heidekraut soll ebenfalls beruhigend wirken. Legen Sie ein Sträußchen davon unters Kopfkissen. Und auch hier gilt: Wenig Kaffee und Alkohol, viel Bewegung.

HUSTEN: 1 Teelöffel Lakritzpulver (gemahlenes Süßholz) mit 100 Milliliter Wasser mischen und zwei- bis dreimal pro Tag zwei Schluck davon trinken.

FETTIGE HAARE: 1 Teelöffel Aloe Vera mit 1 Teelöffel Zitronensaft mischen und zusammen mit 1 Esslöffel Ihres gewohnten Shampoos ins Haar einmassieren. Kurz ausspülen. Mehrmals pro Woche anwenden.

TROCKENE HAARE: 4 Esslöffel Joghurt, 1 Eigelb, 1 Teelöffel Honig und 1 Esslöffel Olivenöl verrühren und ins Haar einmassieren. 15 bis 20 Minuten einwirken lassen und mit lauwarmem Wasser ausspülen.

005
Haltbar machen durch Milchsäuregärung

BEVOR ES KÜHLSCHRÄNKE und chemische Konservierungsmittel gab, nutzte man zur Haltbarmachung von Gemüse und anderen Lebensmittel über den Winter neben anderen Verfahren das der Milchsäuregärung. Milchsäurebakterien sind sehr gesund, da sie das Immunsystem stärken.

Schon der legendäre Entdecker und Weltumsegler James Cook machte sich die konservierenden Eigenschaften der Milchsäuregärung zunutze. Zu seiner Zeit starben viele Seeleute auf den langen Reisen an der durch einseitige Ernährung ausgelösten Mangelkrankheit Skorbut. Captain Cook jedoch sorgte dafür, dass stets ausreichende Mengen an Sauerkraut und Zitrusfrüchten an Bord waren, und konnte so verhindern, dass seine Mannschaft krank wurde.

Indem das mit Salz vermengte Gemüse sehr dicht in das Gefäß gefüllt wird, bildet sich dort ein anaerobes Milieu, in dem sich besonders die gesunden, Milchsäure produzierenden Bakterien frei vermehren können, während schädliche Bakterien dort keine Überlebenschancen haben.

Vorsicht ist jedoch bei fertig gekauften gesäuerten Produkten geboten; hier wurde das Gemüse meist pasteurisiert, wodurch alle Bakterien, auch die „guten", abgetötet wurden. Hausgemachte Produkte jedoch haben eine probiotische Wirkung, das heißt, sie fördern die Gesundheit des Darms. Kaufen Sie daher nur Produkte, die ebenso wie die hausgemachten im Kühlschrank gelagert werden müssen.

SAUERKRAUT SELBST GEMACHT

Sauerkraut herzustellen ist einfacher, als viele denken. Sie brauchen dafür 1 Weißkohlkopf (ca. 1 kg), 2 Teelöffel Salz, 1 Lorbeerblatt, 1 Esslöffel Kümmel und 1 Teelöffel Wacholderbeeren.

1. Die äußeren Blätter des Kohls entfernen und den Strunk herausschneiden. Nicht wegwerfen – Sie brauchen beides später noch!
2. Den Kohlkopf entweder per Hand oder mit der Küchenmaschine in feine Streifen schneiden oder hobeln.
3. Den Kohl gut mit dem Salz verkneten und sehr fest in ein großes Glasgefäß mit Gummidichtung füllen.
4. Drücken Sie den Kohl in das Glas, so fest Sie irgend können – und dann packen Sie noch ein wenig mehr hinein! Die dabei freigesetzte Flüssigkeit soll das Gemüse bedecken. Das Füllgut soll bis 2 Zentimeter unter die Oberkante des Gefäßes reichen.
5. Nun legen Sie die anfangs entfernten Kohlblätter zuoberst in das Glas und obendrauf den Strunk. Dadurch wird das Gemüse beim Schließen des Deckels noch tiefer die Flüssigkeit gedrückt. Vergessen Sie nicht, das Abfülldatum auf dem Etikett zu notieren.
6. Das Glas bei Zimmertemperatur lagern. Am besten in ein größeres Gefäß stellen, da bei der Gärung oft Flüssigkeit aus dem Glas entweicht. Seien Sie angesichts des Schäumens und Gärens jedoch unbesorgt, dass das Glas dabei springt.
7. Nach etwa zwei Wochen ist der Gärungsprozess abgeschlossen. Hat sich oben auf dem Gemüse Schimmel gebildet, ist etwas schiefgelaufen..
8. Ansonsten das Sauerkraut anschließend möglichst kühl lagern (z. B. im Erdkeller oder im Kühlschrank). Nach dem Öffnen im Kühlschrank aufbewahren. Es hält sich nun den ganzen Winter über.

GEWÜRZTIPPS

Als Geschmackszusätze eignet sich eine ganze Reihe an Gewürzen, darunter Himbeer- oder Schwarze Johannisbeerblätter, Estragon, Piment, Koriander, Fenchel, Senfsamen oder Bohnenkraut.

MILCHSÄUREGÄRUNG RUND UM DIE WELT

Viele Länder haben ihre eigenen Spezialitäten, hier nur eine kleine Auswahl: Surströmming in Schweden, Joghurt in Osteuropa, Kefir in Russland, Sauerkraut in Deutschland, Sauerkohl und Mohrrüben in Polen und saure Gurken in Estland.

006
Frische Ernte auch im Winter

VIELE PFLANZEN HALTEN sich im Winter draußen länger frisch als im Keller. Bei uns in Südschweden ist es ganz selbstverständlich, dass man Gemüsesorten, die Kälte vertragen, im Winter im Garten und auf dem Feld stehen lässt. Dazu gehören beispielsweise Grünkohl, Mohrrüben, Rosenkohl, Kohlrabi, Porree, Wirsingkohl, Feldsalat und eine ganze Reihe asiatischer Gemüsesorten. Einfach mit einer weichen Bürste den Schnee beiseite fegen und dann ernten, was Sie brauchen!

Besonders im Gewächshaus kann man bis lang in den Winter hinein Gemüse ernten. Wenn es draußen zu kalt wird, gedeiht dort immer noch Salat. Feldsalat, Braunen Senf, Pak Choi oder Mizuna zum Beispiel kann man noch spät im Herbst pflanzen. Natürlich kann es im Gewächshaus etwas eng werden, solange Gurken und Tomaten noch voll im Saft stehen. Wenn man den Salat zuerst in Anzuchtkästen sät und später in größere Gefäße umtopft, gewinnt man bis zum endgültigen Auspflanzen jedoch etwas Zeit.

Versehen Sie dafür das Kräuterbeet mit Luftpolsterfolie oder Abdeckungen aus Glas oder Kunststoff als Schutz gegen die Kälte, nutzen Sie mit einer Isolierung versehene Frühbeete oder isolieren Sie gleich das gesamte Gewächshaus mit Luftpolsterfolie. Empfehlenswert ist zudem eine kleine Gewächshausheizung, die in besonders kalten Nächten automatisch anspringt.

Bei Wurzelgemüsen ist es günstiger, sie draußen stehen zu lassen und stattdessen den Boden mit einer dicken Schicht Stroh abzudecken, um die Ernte vor Frost zu schützen. Dann können Sie jederzeit in den Garten gehen und ernten, was Sie brauchen – selbst wenn draußen Schnee liegt.

Selbst Grünkohl, Rosenkohl und Lauch können sehr lange draußen bleiben, doch wenn es allzu kalt wird, gefrieren sie und schmecken dann wässrig. In milden Wintern jedoch kann man man sie ohne Probleme draußen im Garten lassen.

ZIEMLICH FROSTVERTRÄGLICHE GEMÜSE: Petersilie (besonders krausblättrige), Gemüsezwiebeln, Pastinaken, Petersilienwurzel, Knollensellerie, Schwarzwurzeln, Mohrrüben, Brokkoli, Feldsalat, Brauner Senf, Pak Choi und Mangold.

SEHR FROSTVERTRÄGLICHE GEMÜSE: Wirsing (Marner Grüfewi oder Vorbote), Porree, Rosenkohl (Groninger), Rotkohl, Palmkohl, Grünkohl (Westland Winter oder Winterbor F1).

007
Kräuter selbst trocknen

WENN MAN DIE selbst gepflanzten Kräuter trocknet, kann man sie bis in den Winter hinein nutzen.

Am intensivsten schmecken Kräuter, wenn man sie vor der Blüte oder genau während der Blüte erntet. Pflücken Sie ganze Pflanzen während der Blüte und einzelne Blätter vom Vorfrühling bis hinein in den Spätherbst. Achten sie darauf, die Pflanzen am Ende der Erntesaison nicht zu tief über dem Boden abzuschneiden, denn sie brauchen vor der Winterruhe noch eine kleine Atempause.

Nehmen Sie stets die jüngsten Triebe, am besten mit einer Küchen- oder Gartenschere. Man sollte vermeiden, Zweige einfach abzubrechen. Vergilbte Blätter entfernen und Staub und Erde abschütteln. Geht das nicht, kann man die Kräuter kurz abspülen – aber denken Sie daran, dass zu viel Feuchtigkeit die Schimmelbildung begünstigt. Am besten trocknet man die Kräuter bei Zimmertemperatur oder in einem speziellen Trockner.

Kräuter brauchen je nach Raumtemperatur, Luftfeuchtigkeit, Sorte und Wassergehalt unterschiedlich lange zum Trocknen. Der Raum sollte dabei möglichst kühl und dunkel sein, da zu viel Licht ihnen Farbe und Aroma entzieht. Breiten Sie die Kräuter auf Zeitungspapier aus oder hängen Sie sie büschelweise auf. Die Sträuße dürfen nicht zu groß sein, damit genug Luft herankommt, sonst kann sich schnell Schimmel bilden.

Die Kräuter unmittelbar noch dem Trocknen in luftdichte Gefäße geben. Je dunkler diese sind, desto besser hält sich das Aroma. Sie sollten vor dem Lagern nicht zerstoßen werden, es ist besser, damit bis kurz vor der Verwendung zu warten.

GUT ZU TROCKNEN: Zitronenmelisse, Thymian, Salbei, Minze, Oregano, Rosmarin und Estragon.

IM OFEN TROCKNEN: Man kann Kräuter sehr gut im Backofen trocknen, sofern man die Temperatur nicht zu hoch einstellt. Ist es zu heiß, verfliegen die ätherischen Öle, und die Feuchtigkeit und das Aroma leiden darunter. 50 °C bei leicht geöffneter Ofenklappe sind ideal. Wenden Sie die Kräuter von Zeit zu Zeit, damit sie nicht auf der Unterlage anhaften. Lieber länger bei niedriger Temperatur trocknen als umgekehrt.

IM TROCKENGERÄT TROCKNEN: Es gibt spezielle Heißluftgeräte, bei denen die Kräuter zum Trocknen auf Spezialrahmen übereinandergestapelt werden. Diese sind auch perfekt für Samen, etwa von Tomaten, Kürbissen oder Auberginen. Versuchen Sie es auch einmal mit Frucht- oder Gemüsescheiben – Sie werden begeistert sein!

KRÄUTERSALZ: Haben Sie noch Knoblauch vom Vorjahr übrig? Dann machen Sie daraus Knoblauchsalz. Dafür die übriggebliebenen Knoblauchzehen im Mixer pürieren. Wenn die Masse zu trocken ist, ein wenig Wasser zugeben. Dann, je nachdem, wie kräftig der Knoblauchgeschmack werden soll, 50 bis 100 Gramm feinkörniges Salz zugeben. Nach Geschmack noch 1 bis 2 milde Chilischoten zufügen und alles zu einem Teig verarbeiten. Die Masse auf ein Stück Backpapier streichen und bei maximal 50 °C im Backofen oder im Trockengerät trocknen. Es entsteht eine Art Salzziegel, der im Mixer wieder zu Streusalz zerkleinert wird. Versuchen Sie es auch einmal mit Zwiebel-, Sellerie- oder Petersiliensalz.

008
Schafe

RASENMÄHER UND LANDSCHAFTSPFLEGER

BEVOR SIE SICH Schafe anschaffen, sollten Sie sich darüber im Klaren sein, welche Rasse für Sie die Richtige ist. Informieren Sie sich vorher gründlich bei Ihrem Landes-Schafzuchtverband über die Vor- und Nachteile der einzelnen Rassen und überlegen Sie gut, ob für Ihren Bedarf einige wenige reichen und Sie später bei Bedarf neue Tiere dazu erwerben oder sogar selber züchten wollen. Alte Rassen sind gewöhnlich widerstandsfähiger als neue Zuchtrassen. Einige Schafrassen bringen recht schnell und komplikationslos eher kleine Lämmer zur Welt, während Texel- oder Suffolkschafe gute Fleischlieferanten sind.

Informieren Sie sich genau bei Ihrem Landes-Schafzuchtverband oder dem ins Auge gefassten Verkäufer Ihrer Schafe, wie viel Weidefläche, Futter und Silage (Gärfutter) Sie benötigen. Im Durchschnitt verzehrt eine Zibbe (weibliches Schaf, Muttertier) im Winter bei etwa 140 Winterfuttertagen rund 400 Kilogramm Grassilage und 100 Kilogramm Heu bei einer Tagesration von 2,8 bis 3,0 Kilogramm Silage und 0,7 Kilogramm Kraftfutter. Bedenken Sie, dass Gärfutter mehr Feuchtigkeit enthält als Heu.

In den Sommermonaten rechnet man mit 8 bis 10 Muttertieren einschließlich 12 bis 15 Lämmern je Hektar und Jahr, wobei dies immer von der Qualität des Weideaufwuchses und der Intensität der Nutzung abhängt.

Erkundigen Sie sich jedoch unbedingt rechtzeitig vor der Anschaffung bei der zuständigen Landwirtschaftskammer, Ihrem zuständigen Amt für Landwirtschaft oder auch Ihrem Landratsamt – je nach Region – nach den rechtlichen Anforderungen und Auflagen. Diese variieren je nach Anzahl der Tiere, Größe und Lage der Weideflächen und der Art der Tierhaltung eventueller Nachbarn.

Jeder An- und Verkauf von Schafen muss bei der Schaf- und Ziegendatenbank gemeldet werden (schauen Sie nach bei www.hi-tier.de), um die Seuchengefahr einzudämmen.

Kaufen Sie ausschließlich Schafe aus »anerkannt unverdächtigem Maedi-Visna-Bestand«. Eine Maedi-Visna-Erkrankung greift Lunge und zentrales Nervensystem der befallenen Tiere an und kann tödlich enden. Das Virus ist mit dem CAE-Virus der Ziegen und dem menschlichen HI-Virus verwandt und sehr ansteckend; die Inkubationszeit liegt bei 2 bis 6 Jahren. Die Krankheit ist weder heilbar noch gibt es Schutzimpfungen. Nähere Informationen finden Sie bei den regionalen Schafzuchtverbänden.

Wenn Ihre Schafe reine Nutztiere sind, brauchen Sie deren Abstammung nicht zu kennen, aber wenn Sie selbst züchten wollen, empfiehlt sich eine genaue Kenntnis der Stammbäume von Bock und Zibben. Im Internet finden Sie die Adressen regionaler Züchterverbände und Interessengruppen, die Ihnen gerne Hilfestellung und nützliche Hinweise geben werden. Fangen Sie klein an und arbeiten Sie sich langsam vor. Schafhaltung ist keine Goldgrube, aber sie macht großen Spaß.

Je nach Rasse dauert die Brunst 24 bis 36 Stunden, der Eisprung erfolgt am Ende der Brunst. Die Zuchtsaison ist rassespezifisch; der Brunstzyklus beträgt im Mittel 17 Tage (14 bis 20), ein Muttertier trägt im Schnitt 150 +/- 5 Tage. Es ist ohne Bock nicht immer leicht zu erkennen, ob ein Muttertier brünstig ist. Ein gutes Anzeichen jedoch ist häufiges Urinieren und Schwanzwedeln. Ist ein Bock dabei, wird die Zibbe schon selbst seine Nähe suchen – dabei brauchen wir Menschen nicht nachzuhelfen!

Um besser zu erkennen, welche Schafe gedeckt wurden, kann man den Bock mit einem Farbbeutel an der Brust versehen. So hinterlässt dieser beim Besprengen eine sichtbare Markierung auf dem Hinterteil der Zibben.

NUTZTIERE

009

Hühner

IMMER FRISCHE EIER

ES GEHÖRT ZU den ganz großen Freuden des einfachen Landlebens, früh am Morgen zum Hühnerstall zu gehen und die Frühstückseier zu holen. Schon 6 bis 8 Hühner versorgen Sie das ganze Jahr über mit frischen Eiern.

Wenn Sie sich anstelle von gängigen Zuchtrassen für seltene und gefährdete regionale Rassen entscheiden, dann tun Sie gleich etwas für die Erhaltung alter Traditionen. Die Liste der gefährdeten deutschen Arten ist lang – Augsburger Huhn, Bergischer Schlotterkamm, Brakel, Deutsches Langschan, Deutsches Reichshuhn, Deutscher Sperber, Krüper, Mechelner Hühner, Minorka-Hühner, Ramelsloher, Sachsenhuhn und Westfälischer Totleger sind nur einige davon.

Ein gutes Huhn legt rund sechs Eier pro Woche, im Winter etwas weniger. Doch mit dem richtigen Futter kann man die Eierproduktion auch im tiefsten Winter aufrechterhalten. Generell sinkt die Legeleistung in der zweiten und allen weiteren Legeperioden jeweils nach der Mauser jedes Mal weiter spürbar ab. Neben dem Grundfutter empfiehlt sich organisches Hühnerfutter; Küchenabfälle sind ebenfalls eine gute Nahrungsergänzung.

Damit man die Eier nicht mühsam unter Büschen und Hecken hervorklauben muss, brauchen die Hühner eine Wohnstatt, in der sie sich wohlfühlen. Hennen lieben einen dunklen, geschützten Nistplatz, bevorzugt mit Stroh gepolstert. Auch der Hahn macht es sich gern im warmem Hühnerhaus gemütlich, was die Hühner zum Bau von Nestern animiert. Als Grundlage der Nester eignen sich hölzerne Buchten oder alte Kartons, die man entsorgen kann, wenn sie zu verschmutzt sind. Jedes Huhn braucht eine mindestens 15 bis 20 cm lange Sitzstange zum Schlafen. Dort verrichtet es übrigens auch sein Geschäft – bringen Sie daher Futter- und Wasserbehälter am besten andernorts unter. Achtung: Da alle Hühner auf der obersten Stange sitzen wollen, ist auf ausreichend Platz zu achten! Hühner müssen nachts sicher untergebracht werden, um sie vor Raubtieren zu schützen. Den Maschendrahtzaun rund um das Hühnerhaus mindestens 50 Zentimeter tief im Boden verankern, damit Füchse und Marder sich nicht darunter hindurchgraben können. Auch von oben muss das Gehege vor Raubvögeln geschützt sein. Verwenden Sie dafür grobmaschiges Vogelnetz, das ist leichter als Hühnerdraht. Tipps für den Bau von Ställen finden Sie weiter hinten im Buch; wer möchte, kann Hühnerställe und Gehege natürlich auch fertig kaufen.

Hühner sind reinliche Tiere und fühlen sich in einem verdreckten Hühnerstall gar nicht wohl. Sie bevorzugen sandigen Boden im Gehege, damit sie scharren und ihr Gefieder mit regelmäßigen Sandbädern sauber und glänzend halten können.

Wenn der Boden sehr hart ist, geben Sie eine Schicht Sand darüber. Die Hühner freuen sich auch über einen Berg aus Gras- oder Gartenabfällen, in dem sie nach Herzenslust herumstöbern können.

DIE URAHNEN DER HAUSHÜHNER Wilde Hühner hat es in Nordeuropa nie gegeben. Die ersten Hühner wurden vor rund 2000 Jahren aus Südostasien in Nordeuropa eingeführt. Hier haben sie sich im Laufe der Jahrhunderte an das rauere Klima angepasst und bekamen erst Ende des 19. Jahrhunderts Konkurrenz von produktiveren Zuchtrassen. Inzwischen jedoch kämpfen regionale Verbände Nordeuropas um die Erhaltung der traditionellen Arten.

TIPP

Frische Eier sinken in einem Behälter voll Wasser auf den Boden, alte Eier jedoch steigen darin auf.

010 Bienen

HONIG UND POLLEN AUS EIGENER PRODUKTION

SELBST WENN SIE nur einen Garten oder eine Obstwiese haben, lohnt es sich, einen Bienenstock aufzustellen. Erstens begünstigt das die Bestäubung der Pflanzen durch Bienen, und zweitens haben Sie zusätzlich noch leckeren Honig aus eigener Produktion.

Jeden Sommer aufs Neue hören wir, dass es immer weniger Bienen gibt. Als Ursache werden Monokulturen und damit einhergehende verkürzte Blühperioden, Nahrungsmangel im Sommer, Pestizide und Schadstoffe sowie Krankheiten genannt, die den Bienenbestand dezimieren. Große Mengen Honig werden heute aus dem Ausland importiert, nur um die Nachfrage zu decken. Eigentlich müsste inzwischen jeder, der einen Garten oder einen Bauernhof hat, Bienen halten. Durch die Bestäubung durch Bienen blühen die Blumen üppiger, die Gärten werden bunter, und die Ernte wird reicher.

Die gleichbleibend hohe Nachfrage nach Honig macht die Bienenhaltung darüber hinaus zu einem lohnenden Nebenerwerb. Ein Bienenvolk produziert pro Jahr – je nach Futterangebot – etwa 50 Kilogramm Honig, von denen es circa 20 Kilogramm für den Wintervorrat benötigt. Je nachdem, ob man im Winter anstelle des Honigs Zuckerwasser füttert (was viele Imker tun) oder nicht, bleiben so zwischen 30 bis 50 Kilogramm Honig, die man entweder selbst weiterverkaufen oder über einen Händler anbieten kann. Sie brauchen nur einen Platz, an dem Sie den Bienenstock aufstellen können, und einen kleinen Geräteschuppen für das nötige Handwerkszeug.

Welchen Aufwand Sie betreiben, liegt ganz bei Ihnen. Manche Imker haben nur einen oder zwei Bienenstöcke, andere dagegen eine wesentlich größere Anzahl. Achten Sie darauf, die Bienenstöcke nicht in die Nähe von Nutzflächen mit konventionellem Anbau zu stellen, da die Bienen an den dort verwendeten Pflanzenschutzmitteln Schaden nehmen können. Ein Bienenvolk setzt sich aus einer Königin, 8000 bis 40 000 Arbeitsbienen und 500 bis 1000 Drohnen zusammen. Frisch geschlüpfte Arbeitsbienen sind verantwortlich für das Sauberhalten des Bienenstocks, die Pflege der Larven und das Füttern der Königin. Ältere Bienen produzieren das Wachs für die Bienenwaben. Sie nehmen auch Nektar und Pollen entgegen und verarbeiten diese weiter. Die ältesten Bienen fliegen aus, um Pollen und Nektar zu sammeln, und zwar bis an ihr Lebensende.

Knapp eine Woche nach dem Schlüpfen verlässt eine neue Königin den Stock und geht auf mehrere Hochzeitsflüge. Die Drohnen werden durch die von der Königin abgesonderten Pheromone angelockt (Duftstoffe, die das instinktive Verhalten steuern). Insgesamt paart sich eine Königin mit etwa 10 bis 20 Drohnen aus verschiedenen Bienenvölkern. Auf diese Weise ist sie bis an ihr Lebensende mit ausreichend Sperma unterschiedlicher genetischer Herkunft versorgt.

Ideale Pflanzen für Bienen: Ideal sind Bienenweiden aus Löwenzahn, Günsel, diversen Kleearten, Natternkopf, Glockenblumen oder Königskerzen. Besonders geeignet sind blühende, duftende Kräuter wie Salbei, Borretsch und Lavendel, aber auch Thymian, Majoran oder Pfefferminze. Bei den Wildblumen mit ungefüllten Blüten sind dies Blaustern, Frühlingskrokus und Traubenhyazinthe sowie Kornblumen, Malven, Katzenminze, Glockenblumen und ungefüllte Astern. Kletterpflanzen wie Efeu, ungefüllte Kletterrosen, Brombeere oder Platterbse eignen sich für kleine Flächen; auch Dachbegrünungen mit Mauerpfeffer, Fetthenne oder Hauswurz finden großen Anklang.

011
Das Pferd

DEIN UNENTBEHRLICHER HELFER

IN DEUTSCHLAND GAB es um 1900 noch 4,2 Millionen Pferde, wobei die Statistiken nicht verraten, wie viele in der Landwirtschaft, beim Militär, im Bergbau, als Brauereirösser oder als Kutsch- und sonstige Arbeits- und Reitpferde gehalten wurden. Nach dem Zweiten Weltkrieg waren es noch 2,3 Millionen Pferde, von denen die meisten in der Landwirtschaft als Zug- und Arbeitstiere eingesetzt wurden. Als sich Traktoren in der Landwirtschaft ab der Jahrhundertmitte durchsetzten, sank die Zahl der Arbeitspferde jedoch rasch. 2010 lag der Bestand an Pferden in Deutschland bei etwa 460 000, wobei die Statistik Arbeitspferde nicht extra ausweist.

Wer sich für Arbeitspferde interessiert, die er auf dem Hof und im Wald einsetzen kann, sollte sich an spezielle Vereine oder Verbände wenden, wie die Interessengemeinschaft Zugpferd oder die Interessengemeinschaft Arbeitspferd. Beurteilungen von Pferdehaltungen hält das Bundesministerium für Ernährung und Landwirtschaft im Internet bereit. Heute bewahren nur noch wenige Vereine oder engagierte Pferdehalter frühere Arbeitspferde-Rassen vor dem Aussterben, auch wenn in den letzten Jahren das Interesse an ihnen wieder zugenommen hat, um sie für Kutschfahrten in Tourismus-Gebieten oder für Arbeiten im Wald einzusetzen. Gerade für letzteres sind Pferde sehr gut geeignet, da sie auf deutlich umweltschonendere Weise als Maschinen Holz auch in ungünstigem Gelände bewegen können.

Auch dafür gibt es in Deutschland Vorschriften, da nur gut ausgebildete Arbeitspferde sowie erfahrene Pferdeführer mit spezieller Ausrüstung im Wald tätig werden dürfen. Die schnell und stark wechselnde Arbeitsumgebung erfordert Pferde mit guten Nerven, gutem Orientierungssinn, schnellen und dennoch ruhigen Reaktionen, z. B. auf Bewegungen des geschleppten Stammes oder Befehle des Pferdeführers. Ähnliches gilt, wenn Pferde vor landwirtschaftlichen Geräten oder Kutschen eingesetzt werden sollen.

Früher waren Arbeitspferde meist schwere Kaltblut-Rassen; zu den letzten dieser Art zählen die Schweizer Freiberger. Später entstanden durch Einkreuzen leichtere Arbeitspferde, die auch als Wagen- und Reitpferde einsetzbar waren. Heute halten Landwirte meist Kaltblüter mit über 700 Kilogramm Lebendgewicht als Arbeitspferde, da Zugarbeit entsprechend kräftige Tiere erfordert. Für leichtere Arbeiten auf dem Hof oder vor dem Wagen eignen sich auch Haflinger des alten Typs.

Pferde sind Herden- und Lauftiere, die auch ohne Anlass 2 Kilometer am Tag laufen, wenn es sein muss auch 30. Erschrickt ein Pferd, reagiert es als ausgeprägtes Fluchttier mit teils panikartigem Weglaufen, ohne Rücksicht auf Hindernisse. Ein Pferd allein kann »schwermütig« werden, ein Spielkamerad (am besten ein Pferd/Pony!) ist da hilfreich. Sind Pferde sich selbst überlassen, verbringen sie knapp die Hälfte ihres Tages mit Fressen und etwa je ein Drittel mit Liegen oder Dösen und im Auslauf. Auslauf braucht ein Pferd also viel. Ein Einzelpaddock vor der Box ist kein Ersatz dafür, ein Laufhof sollte wenigstens 30 Quadratmeter pro Pferd aufweisen. Wichtig sind weiche, z. B. sandige, Wälzplätze.

Eine Koppel muss eine stabile und ausbruchsichere Außenzäunung haben, denn der Pferdehalter haftet für Unfälle. Da Holzstangen gerne benagt werden, helfen Elektrolitzen (kein Stacheldraht!) davor, das zu vermeiden. Artgerechte Pferdekoppeln sollten neben einer Scheuergelegenheit zur Fellpflege auch einen Unterstand mit zwei geschlossenen Seiten (zur Wetterseite) aufweisen, damit die Pferde geschützt sind und gleichzeitig alles im Blick haben. Auf der Koppel brauchen Pferde stets sauberes und frisches Wasser sowie möglichst natürlichen Schatten. Pferdekot muss spätestens alle zwei Tage entfernt werden, um das Verwurmen der Pferde zu reduzieren. Täglich muss nach den Pferden gesehen werden. Eine große Koppel kann man durch mehrreihige Elektrolitzen unterteilen. Gerade Haflinger und Kaltblut-Rassen neigen zu Hufrehe, die unter bestimmten Umständen durch zu viel Grasfutter entsteht; von daher ist es auch für die Pferdegesundheit gut, Koppeln zu unterteilen.

Da das Fassungsvermögen des Pferdemagens begrenzt ist, müssen Pferde im Stall dreimal täglich gefüttert werden bzw. auf der Koppel ausreichenden Grasaufwuchs und Zeit zum Grasen haben. Mit dem Schweiß – z. B. beim Arbeiten – verlieren Pferde viel Natrium, daher sind entsprechende Lecksteine mit Mineralstoffen wichtig.

Auf einer Koppel mit ordentlichem Grasaufwuchs finden Pferde in etwa 5 Stunden Fresszeit generell alles an Gräsern, Kräutern und eventuell abgezupften Baumblättern, was sie brauchen – aber es gibt Feinschmecker! Steht Ihr Pferd im Stall, füttern Sie als Faustregel täglich etwa 1,5 Kilogramm Heu je 100 Kilogramm Lebendmasse, um die gefürchteten Darm-Koliken zu vermeiden. Dieses Heu (= Raufutter) muss mindestens acht Wochen gelagert haben, da es sonst zu Verdauungsproblemen kommt. Neben Heu können Sie bis zu 2 oder 3 Kilogramm Stroh pro Pferd und Tag zum Knabbern vorlegen, das beschäftigt!

Was Pferde ansonsten noch als Futter bekommen sollten (z. B. Silagen und Kraftfutter bei intensivem Arbeitseinsatz), erfahren Sie im Landwirtschaftsamt, bei der Kammer, im Pferdeverband oder beim Bauernverband, ebenso, wo es Kurse zur Pferde- und Pferdeführer-Ausbildung gibt.

Liegt Ihr Hof in der Nähe einer Stadt und bieten Ihr Pferdestall sowie Ihre Grünlandflächen genügend Platz, könne Sie auch über Pensions-Pferdehaltung nachdenken, bei der fremde Pferde bei Ihnen gegen Bezahlung untergestellt und eventuell von Ihnen versorgt werden. Doch auch dafür ist fachkundiger Rat wichtig, um die Einstell-Verträge so abzuschließen, dass Sie nicht auf Unkosten sitzen bleiben oder gegen gesetzliche Vorgaben verstoßen.

012
Ziegen

DIE PFLEGELEICHTESTEN NUTZTIERE

SIE HABEN SIE im Urlaub am Mittelmeer vermutlich zu Hunderten auf den Wiesen und Feldern gesehen – Ziegen fressen nämlich alles, was nicht niet- und nagelfest ist, und sind daher die besten Landschaftspfleger, die man sich vorstellen kann.

Ziegen sind gesellige Tiere, und es ist ihnen egal, ob sie es dabei mit Artgenossen oder mit Menschen zu tun haben. Seit jeher waren sie für arme Bauern eine preiswertere Alternative zu Kühen – wenn es auf dem Hof an Futter mangelt, finden sie auch anderswo Nahrung. Nicht von ungefähr wird die Ziege auch oft die Kuh des armen Mannes genannt. Ziegenmilch ist sehr nährstoffreich und man kann daraus schmackhaften Käse zubereiten.

Bevor Sie sich Ziegen anschaffen, sollten Sie sich jedoch zuerst darüber klarwerden, wofür Sie diese brauchen. Als Milchtiere, zur Gesellschaft, als Landschaftspfleger oder als Schlachttiere? Das Fleisch enthält extrem wenig Fett, schmeckt jedoch etwas streng. Will man eher Ziegenkäse herstellen, sollte man sich eine Rasse anschaffen, die viel Milch gibt. Als klassische Milchziegen gelten in Deutschland unter anderem Weiße und Bunte Deutsche Edelziege, Holländer Schecke, Pinzgauer Ziege oder Thüringer Wald Ziege sowie die Toggenburger Ziege. Für die Landschaftspflege sind Milchziegen weniger geeignet, für diesen Zweck ideal ist die Burenziege oder die robuste Kashmirziege.

Die Ziegenhaltung ist nicht besonders arbeitsintensiv, doch es kann ein Problem sein, die Tiere auf der richtigen Seite des Zauns zu halten. Möglichst hohe Knotengitterzäune und vielleicht auch elektrische Zäune sind daher ein Muss. Dafür empfehlen sich 4 bis 5 Drähte, der niedrigste etwa 20 und der höchste 120 Zentimeter über dem Boden. Ziegen sind Fluchttiere; die Gehegegröße muss dies berücksichtigen, da sonst zu viel Stress entsteht. Sind Ziegen auf einer Weide ohne schattenspendende Bäume oder Sträucher, ist ein Unterstand als Wetterschutz nötig. Ziegen vertragen niedrige Temperaturen schlecht, besonders in Verbindung mit Wind und Feuchte, da ihnen das wasserabweisende Wollfett Lanolin fehlt. Auf Obstwiesen muss ein Verbissschutz auf einer Höhe von bis zu 2 Metern vorhanden sein, damit die Ziegen nicht die Rinde anfressen. Ziegen ernähren sich das ganze Jahr über von Kräutern und Klee, aber auch von Gräsern und Blättern und verschmähen nicht einmal Tannen- und Fichtennadeln oder die Rinde von Laubbäumen und Koniferen. Gerne fressen sie auch Äpfel, Möhren oder Rüben. Im Bedarfsfall kann man Heu zufüttern, notfalls auch Silage, obwohl diese nicht immer gut vertragen wird, da Ziegen anfällig für Listeriose (infektiöse Bakterien in der Silage) sind. Ziegen – besonders Milchziegen und Muttertiere – brauchen darüber hinaus Mineralstoffe, besonders Kupfer (dafür gibt es spezielles Ergänzungsfutter für Ziegen). Obwohl sie normalerweise kein spezielles Kraftfutter benötigen, schadet es nicht, im Winter ein wenig zuzufüttern – jedoch in Maßen. Jungtiere dürfen kein Kraftfutter bekommen. Insgesamt sollte man je Ziege und Tag etwa 8 Kilogramm Grünfutter im Sommer rechnen, im Winter 3 Kilogramm Heu sowie Kraftfutter und Silage. Wasser muss stets frisch und frei verfügbar sein.

Die Trächtigkeit dauert bei Ziegen 150 Tage. Man merkt den Beginn der dreitägigen Brunst an der steigenden Unruhe und energischem Schwanzwedeln. Paarungsbereite Geißen bespringen gern andere Geißen, die sich in der Nähe befinden. Wenn sie nicht gedeckt werden, werden sie 19 Tage später erneut brünstig. Zicken haben mit 7 bis 18 Monaten ihre erste Brunst, Jungböcke werden bereits mit 3 bis 5 Monaten geschlechtsreif – denken Sie also rechtzeitig daran, diese von der Herde zu trennen.

013
Schweine

SCHWEINE SIND ÜBERAUS nützliche, dankbare Landschaftspfleger, die auch der schlimmsten Quecken-, Distel- und Löwenzahnplage problemlos Herr werden.

Wenn Sie Schweine im Freiland halten wollen, sollten Sie sich zuallererst mit den diesbezüglichen Verordnungen Ihres Bundeslandes vertraut machen. Beginnen Sie mit der Anschaffung einiger Jungsauen mit Abstammungszertifikat, die noch keine Ferkel geworfen haben, und erwerben Sie später einen Eber dazu. Kein Tier ist gern allein, und das Tierschutzgesetz verlangt, dass Schweine in Gesellschaft gehalten werden. Wenn Sie jedoch Sauen und Eber gleichzeitig anschaffen, müssen diese voneinander getrennt werden, sobald die Jungsau 6 bis 8 Monate und der Jungeber 5 bis 12 Monate alt ist. Erst, wenn Sie Jungtiere wollen, können Sie die Tiere wieder zusammenbringen.

Besonders empfehlenswert sind widerstandsfähige Landrassen, in Deutschland wählt man häufig Deutsches Sattelschwein, Duroc, Mangalitza oder auch Schwäbisch-Hällische sowie Schwerfuther Schweine, die sich draußen im Freien wohlfühlen. Dort brauchen sie Schutz vor Sonne, Wind und Wetter und im Winter temperiertes Trinkwasser. Wenn Sie einen Traktor oder eine andere Zugmaschine besitzen, schaffen Sie gleich von Anfang an eine bewegliche Liegehütte an, sodass Sie die Schweineherde nach Belieben versetzen können.

Im Sommer ist ausreichender Schatten besonders wichtig. Dann brauchen die Tiere außerdem eine Suhle (die täglich befeuchtet werden muss), in der sie sich wälzen und spielen können; ständiger Zugang zu Trinkwasser versteht sich von selbst. Bei ausschließlicher Grasweide mit mittlerem Ertrag rechnet man mit 500 bis 800 Quadratmeter/Sau, bei Muttersauen mit Ferkeln etwa 700 bis 1000 Quadratmeter. Die Weidefläche sollte in 6 bis 8 Koppeln unterteilt sein, damit die Tiere immer wieder etwas zu erkunden haben, und um sie vor sich aufschaukelnden Krankheitserregern zu schützen.

Man rechnet bei reiner Schweineweide-Haltung ohne Zufütterung zwischen 8 Kilogramm Grasfutter bei weiblichen Jungtieren und 10 Kilogramm bei Altsauen (jeweils ohne Ferkel) pro Tag; entsprechend weniger, wenn Sie Küchenabfälle zufüttern. Schweine können alles fressen, doch Fleisch- und Fischreste gehören auf den Kompost. Freilandschweine benötigen im Winter besonders viele Kohlehydrate; Jungschweine und säugende Sauen brauchen zusätzliche Proteine.

Die Schweineweide braucht eine stabile und ausbruchsichere Umzäunung, z. B. einen Holzbretterzaun mit möglichst einem Elektrodraht als Abweiser – fragen Sie Ihren regionalen Landwirtschaftsberater, was da zulässig ist. Mehrreihige Drahtzäune inklusive innenliegendem E-Draht als Abweiser benötigen unten eine stabile Bodenverankerung gegen das Aufwühlen. Schweine neigen zwar nicht zu großen Sprüngen, können sich jedoch unter Zäunen hindurchgraben und über ziemlich hohe Hürden hinwegwälzen. Sie sind sehr intelligent und können durchaus den Elektrozaun außer Gefecht setzen, indem sie einen Kurzschluss auslösen. Verwenden Sie daher zur Sicherheit einen Zaun mit zwei unabhängigen Stromkreisen. Schweine sind sehr schlau und erfinderisch; sie brechen gerne aus, nachdem sie mit Tor- oder Gatterverschlüssen so lange gespielt haben, bis diese offen sind. Ausgebrochene Schweine einzufangen ist sehr schwer; sie sind schnell, wendig, geradezu listig. Und geraten sie auf Straßen, sind häufig schwere Unfälle die Folge – ähnlich wie mit Wildschweinen. Die Haftung liegt beim Besitzer der Schweine.

Tragende Sauen brauchen im Winter einen sicheren Schutz. Die Ferkel werden im Frühjahr geboren, sie brauchen erst nach 2 bis 3 Monaten feste

Nahrung, und dann gibt es in der Natur bereits ausreichend Futter. Die Trächtigkeit der Sau beträgt 3 Monate, 3 Wochen und 3 Tage. Sauen werden im Schnitt das ganze Jahr über alle drei Wochen für 1 bis 2 Tage brünstig (rauschig) – wenn man eine Periode verpasst, gibt es also nach etwa 17 Tagen eine neue Chance.

So ein Schwein ist ein wirksamer Pflug mit Selbstantrieb und sorgt obendrein für Düngung. Es verzehrt Pflanzen mit Stumpf und Stiel, einschließlich der Wurzel. Danach wühlt es mit der Schnauze noch tiefer im Boden herum und siebt die Erde durch die Zähne, um auch Insektenlarven oder andere Bodentiere wie Mäuse zu erwischen.

TIPP

Teilen Sie die Schweinekoppel in abgezäunte Bereiche ein, damit die Tiere immer wieder ein neues Stück Land zum Durchwühlen haben. Dadurch wird der Boden gleichmäßiger und gründlicher bearbeitet, als wenn die Schweine sofort auf eine einzige große Fläche losgelassen werden.

1

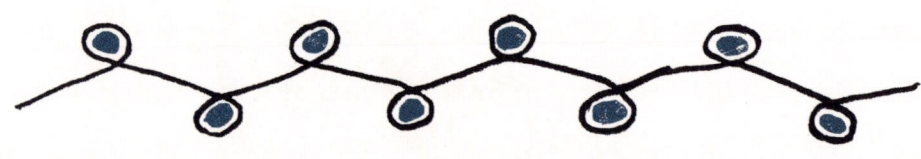

2

3

014
Selbst Heu machen

SELBER HEU ZU MACHEN ist manchmal ein rechtes Elend. Entweder verdorrt das Gras auf der Wiese, oder es wird vom Regen verdorben. Warum also macht man es sich so schwer, wenn es so viel einfacher ist, das Heu einfach zu kaufen? Nun ja – weil eben nichts über das großartige Gefühl geht, die eigenen Tiere mit dem eigenen Heu zu füttern ...

Haben Sie einen alten Hof übernommen, der lange brachlag? Wenn die alte Wiese noch ganz ordentlich gedeiht, kann man einfach mit der Egge darübergehen und dann nachdüngen. Lassen Sie im Frühjahr Tiere darauf weiden und mähen Sie dann im Spätsommer das nachgewachsene Grün mit der Sense ab. Ist der Boden jedoch schlecht, beginnt man am besten ganz von vorn und nimmt erst einmal den Pflug. Eingewachsene Wiesen sind voller empfindlicher Kulturpflanzen. Lassen Sie diesen genug Zeit, wieder Fuß zu fassen, indem Sie erst nach der Heuernte Tiere auf die Weide lassen.

EINE EIGENE HEUWIESE Als erstes den Boden gründlich pflügen und ein paarmal mit der Egge darübergehen, damit er schön locker und gleichmäßig wird. Ideal dafür sind kleine Geräte, die von einem Pferd oder einem kleinen Traktor gezogen werden. Auf größeren Feldern kann Ihnen vielleicht der Nachbar behilflich sein, oder Sie leihen sich die passenden Arbeitsgeräte aus. Dann wird der Boden mit einer Ringwalze verdichtet und mit Gülle gedüngt. Tun Sie das entweder in der Vor- oder Nachsaison, damit die Saat gut gedeiht. Wiesensaat ist empfindlich gegen Trockenheit, der Boden sollte gut feucht sein und eine Temperatur nicht unter 10 °C haben.

HEUERNTE Kleine Felder kann man gut mit der Sense mähen. Gewendet wird das Heu per Hand oder mit maschineller Hilfe. Ist es vollständig getrocknet, wird es eingebracht. Ansonsten siehe unten.

SO WIRD'S GEMACHT — SCHWEDENREITER

1. 8 bis 10 Pfähle in ost-westlicher Ausrichtung in den Boden schlagen. Die beiden äußersten Pfähle stehen leicht schräg.
2. Die Pfähle versetzt zueinander anordnen, wie es in der Aufsicht gezeigt wird, so passt mehr Heu darauf. Ein dünnes Seil etwa 40 Zentimeter über dem Boden an einen der äußeren Pfähle binden, nacheinander um die Pfähle knoten (wichtig, damit das Seil nicht verrutscht) und am letzten Pfahl befestigen. Das wird die unterste Auflage für das Heu. Das Heu nach dem Mähen 1 bis 2 Tage auf der Wiese trocknen lassen, bevor es auf das Gestell aufgebracht wird.
3. Das Heu mit der Heugabel etwas ausrichten und dann in möglichst langen Büscheln über das gespannte Seil hängen – die Lagen möglichst kreuzweise übereinanderlegen, damit möglichst viel Heu darauf passt und es nicht so leicht verrutscht. Sie können auch die Endpfähle mit einbeziehen. Nun das Seil in entgegengesetzter Richtung wie bei der ersten Reihe abwechselnd um die Pfähle knoten und am anderen Ende befestigen. Die neue Auflage wie gehabt mit Heu bedecken und in dieser Weise fortfahren, bis das gesamte Gestell komplett bedeckt ist. Es dauert einige Tage, manchmal sogar 2 bis 3 Wochen, bis das Heu durchgetrocknet ist. Länger sollte man das Trockengestell jedoch nicht stehen lassen, da sonst das Gras darunter abstirbt. Vor dem Abnehmen muss das Heu im Inneren des Gestells vollständig getrocknet sein.

NUTZTIERE

015
Kleine Düngerkunde

DER RICHTIGE DÜNGER FÜR JEDEN BODEN

DASS DÜNGER NICHT gleich Dünger ist, versteht man spätestens, wenn man dafür bezahlen muss. Wenn man sich vorher informiert und für jeden Boden den passenden Dünger wählt, lohnt es sich nicht nur im Portemonnaie, sondern auch bei der Ernte.

Für eine nachhaltige Landwirtschaft reicht es nicht, das Land nach alter Väter Sitte zu beackern. Man muss auch mit dem Dünger haushalten und vor allem versuchen, dem Boden nach der Ernte so viele Nährstoffe wie möglich wieder zuzuführen. Das geschieht in erster Linie mit Hilfe von gut abgelagertem Stallmist vom Vorjahr und zweitens durch Gründüngung (Erbsen, Bohnen und Wicken). Beides gibt dem Boden auf natürliche Weise Nährstoffe und vor allem Stickstoff zurück. Felderwirtschaft oder Fruchtfolge, bei der nährende Saat sich mit zehrender Saat (zum Beispiel Weizen, Hafer und Roggen) abwechselt, ist besonders im biologischen Anbau sehr wichtig. (Zur Felderwirtschaft siehe auch Seite 179.) Bestellen Sie das Feld, besonders bei lockerem Boden, im Spätherbst oder Vorfrühling und säen Sie auf den Feldern, wo dies in der Fruchtfolge möglich ist, Zwischenfrucht oder Wintersaat aus.

STALLMIST MUSS ABLAGERN. Bevor man Stallmist als Dünger verwenden kann, muss er erst mindestens ein Jahr abgelagert werden – je länger er liegenbleibt, desto besser wird er, denn desto feiner wird seine Konsistenz.

DEN RICHTIGEN DÜNGER WÄHLEN. Jeder Dünger hat seine besonderen Vorzüge. Die hier angegebenen Düngemittel werden schon seit langer Zeit in der biologisch-dynamischen Landwirtschaft verwendet.

Schweinemist ist kühl und kaliumreich und soll die Wurzelbildung begünstigen, daher besonders gut geeignet für Kartoffeln und Wurzelgemüse. Doch auch Himbeeren, die ähnlich wie Kartoffeln auf sandigem Boden gut gedeihen, scheinen eine Zugabe von Schweinemist sehr zu schätzen.

Kuhmist ist ausgewogen, stickstoffreich und enthält viel Stroh und Mull. Er unterstützt die Blattbildung und ist daher gut für Getreide und Gemüse geeignet. Für Wurzelgemüse empfiehlt sich eine Mischung aus Kuh- und Schweinemist, um das Gedeihen über und unter der Erde gleichermaßen zu fördern.

Hühnermist ist heiß und phosphatreich und fördert vor allem die Blüten- und Samenbildung. Am besten für Pflanzen geeignet, die über dem Boden geerntet werden, vor allem Obst und Beeren. Es empfiehlt sich, Hühnermist mit Pferde- oder Kuhmist oder auch Grasschnitt zu mischen, denn allzu konzentriert angewendet, kann er die Pflanzen verätzen.

Pferdemist ist warm und voller Ballaststoffe und verbessert dadurch langfristig die Bodenqualität. Er ist relativ leicht zu beschaffen und daher die ideale Wahl für Hobbygärtner. Ein guter Tipp ist, den Pferdemist zunächst im Garten zu kompostieren, damit sich das strohhaltige Volumen etwas verringert. Er setzt bei der Verrottung viel Wärme frei und ist daher als Wärmequelle im Frühbeet gut geeignet (siehe dazu Seite 102). Verwenden Sie den gut abgelagerten Pferdemist erst im Folgejahr.

NUTZTIERE

016
Fell und Leder selbst gerben

WENN SIE FELLE zum Weiterverkauf gerben wollen, ist Lammfell wohl die sicherste Wahl. Wollen Sie Leder und Felle selbst weiterverwenden, können Sie so ziemlich alles nehmen, worauf Sie Zugriff haben – zum Beispiel Rind, Schaf, Fuchs oder Kaninchen. Auch Wild, etwa Reh, liefert ein feines, schmiegsames Leder, das sich prima weiterverarbeiten lässt.

Natürlich können Sie die Tierhäute auch direkt nach dem Schlachten an eine Gerberei weitergeben. Dann sollten Sie an der Ohrmarke einen entsprechenden Vermerk anbringen, damit Ihnen das Leder anschließend wieder ausgehändigt wird. Achten Sie darauf, dass nur pflanzliche Produkte verwendet werden, damit das Fell ohne Chromrückstände ist.

Zuerst muss das Fell mit Salz konserviert werden. Das kann auch der Schlachter besorgen, doch wenn Sie es selbst machen wollen, muss die frisch abgezogene Haut zuerst mindestens eine halbe Stunde abkühlen. Dann wird die Hautseite gut gestrafft, damit sich keine Hautfalten bilden, und auf der Fleischseite mit etwa 40 bis 50 Prozent Salz, bezogen auf das Hautgewicht, eingestreut. Das Salz entzieht der Haut die Feuchtigkeit. Nach etwa 1 bis 2 Wochen ist sie ausgewässert, und die Prozedur kann wiederholt werden. Dann wird das überschüssige Salz abgeschüttelt, die Haut zusammengerollt, in eine doppelte Plastiktüte gesteckt und dem Gerber zur Weiterbearbeitung übergeben, sofern Sie nicht selber gerben wollen.

Pflanzengegerbtes Leder niemals in der Waschmaschine reinigen, sondern gut ausschütteln, abbürsten und staubsaugen. Im schlimmsten Fall kann man flächenweise mit Wasser und Seife arbeiten. Achten Sie jedoch darauf, dass die Haut nicht zu feucht wird, denn sie wird sonst beim Trocknen bretthart. Sehr feuchte Haut bei Zimmertemperatur trocknen und von Zeit zu Zeit leicht durchkneten, damit sie geschmeidig bleibt.

SELBST GERBEN

→ Wollen Sie selbst gerben, empfehle ich die sogenannte Fettgerbung. Zuerst wird die Haut wie oben beschrieben eingesalzen. Die weitere Beschreibung bezieht sich sowohl auf eigene als auf professionelle Gerbung.

→ Sorgfältig alle Fett-, Sehnen- und Fleischreste mit einem speziellen Schaber entfernen.

→ Die Haut mehrmals in zimmerwarmem Wasser (maximal 40 °C) wässern. Einen Schuss Seife zugeben, damit sich der Schmutz löst, jedoch nicht manuell nachhelfen, da dadurch die Haut zu sehr beansprucht wird. Anschließend mehrmals mit klarem Wasser nachspülen.

→ Die Haut mit der Fellseite nach außen zum Trocknen aufhängen. Dabei kann man gern einen Heizofen zu Hilfe nehmen, doch die Temperatur darf dabei maximal 45 °C betragen, damit das Leder geschmeidig bleibt.

→ Der Trockenvorgang ist abgeschlossen, wenn sich das Fell trocken, die Haut jedoch noch leicht feucht anfühlt.

→ Dann die Fleischseite mit einer Mischung aus 150 ml Rapsöl und einem Eigelb behandeln. Ein paar Tropfen Spülmittel darin verhindern, dass sich die Haut zu sehr dehnt. Das Öl mit kreisenden Bewegungen einmassieren, gern vor einer Wärmequelle, damit es gut in die Haut einzieht.

→ Die Haut in verschiedene Richtungen kräftig ziehen, damit das Gewebe Luft zieht. Wiederholen, bis die Haut auch nach dem Ziehen ihre weiße Oberflächenstruktur behält.

- → Die Haut mit der Fleischseite nach außen aufhängen. Sie kann gern eine Woche hängen bleiben, jedoch nicht länger als 14 Tage, da das Leder sonst zu steif wird.
- → Dann die Haut erneut mehrmals in Seifenwasser ausspülen, die letzte Spülung mit klarem Wasser vornehmen. Achten Sie darauf, dass alle Fettreste gut ausgespült werden, da diese sonst leicht hart werden.
- → Nun muss das Leder dauerhaft geschmeidig gemacht werden, ein aufwendiger und langwieriger Prozess. Am besten geht es, wenn man die Haut immer wieder über einen Stuhlrücken zieht. Das dauert mehrere Stunden und muss fortgesetzt werden, bis das Leder ganz trocken ist. Am besten wiederholt man die Prozedur während der nächsten Wochen noch einige Male.
- → Zuletzt die Kanten beschneiden, um harte Stellen und Unebenheiten zu beseitigen. Dann wird die Haut mit einem Bimsstein oder feinem Sandpapier geglättet.

TIPP
Niedrigere Raumtemperatur spart Heizkosten und liefert dazu noch eine wunderbare Gelegenheit, die selbst geschusterten Fellpantoffeln und Westen zu tragen.

Schauen Sie sich an der Volkshochschule oder im Internet nach entsprechenden Handwerkskursen um.

017
Nähen und Werken mit eigenem Leder

ES IST EIGENTLICH gar nicht besonders schwer, mit Leder zu arbeiten. Beginnen Sie mit einfachen Projekten wie Kissenbezügen, Schlafsäcken oder vielleicht einem Kaffeewärmer für unterwegs und arbeiten Sie sich zu Fellpantoffeln, Westen, Mützen und Handschuhen vor. Sie werden sich rasch an den Umgang mit der Nähmaschine gewöhnen.

Es geht leichter, wenn das Leder nicht zu dick und flauschig ist. Normalerweise reicht eine einfache Nähmaschine völlig aus, aber man sollte schon eine stärkere Nadel verwenden. Für feinere Arbeiten wie Messeretuis oder Holster sollte man jedoch auf die gute alte Schusternaht (Zwienaht) zurückgreifen.

SO WIRD'S GEMACHT

- → Leder ist nicht billig, und es wäre schade um jeden Verschnitt. Daher empfiehlt es sich, vorher ein Muster aus Papier anzufertigen.
- → Die Papierschablonen ausschneiden und auf die Lederrückseite legen. Achten Sie beim Zuschneiden darauf, dass sich auf der Vorderseite des Leders keine Löcher oder Schadstellen befinden. Gehen Sie sparsam mit dem Leder um und legen die Schablonen so dicht wie möglich aneinander. Denken Sie auch an die Wuchsrichtung des Fells, damit die Vorderseiten später harmonisch aussehen.
- → Die Umrisse mit einem Textilstift nachziehen und mit rundherum 5 Millimeter Nahtzugabe zuschneiden.
- → Dann die Teile nach der Vorlage zusammennähen.

SCHUSTERNAHT

- → Um die Länge des benötigten Fadens zu berechnen, die Umrisslänge des Werkstückes mit 3 bis 4 multiplizieren. Wenn die Naht 10 Zentimeter lang werden soll, also einen 30 bis 40 Zentimeter langen Faden verwenden.
- → Den Faden an jedem Ende auf eine starke Schusternadel fädeln. Damit der Saum schön ebenmäßig wird, kann man mit einem Schneiderrad an den Kanten entlangfahren. Dadurch werden je nach Format des Rädchens regelmäßige Vertiefungen in das Leder gedrückt, die die Orientierung beim Nähen erleichtern.
- → Das Nähen geht leichter, wenn man die Einstichlöcher mit einer Ahle vorsticht. Beim Durchziehen des Fadens kann man auch eine Zange zu Hilfe nehmen.
- → Zuerst eine Nadel durch das Leder stechen und den Faden durchziehen, bis er an beiden Seiten gleich lang ist. Dann den Faden beim Nähen jeweils von der Gegenseite durch dasselbe Loch ziehen. Dadurch entsteht eine gleichmäßige und haltbare Naht.
- → Vor dem Vernähen des Fadenendes ein paar Tropfen Klebstoff auftragen und den Faden mehrmals durch die letzten paar Löcher ziehen.

018
Selbst Schlachten?

WER DAS MÖCHTE, MUSS ETLICHE HÜRDEN NEHMEN

Selbst gezogene und selbst geschlachtete Tiere versprechen gutes, gesundes Fleisch – sicher ein Ansatz, den viele bejahen werden. Aber ein wichtiger Tipp für alle, die diesen Gedanken umsetzen wollen: Zuvor muss man für sich selbst grundlegende Fragen klären. Jeder, der sich landwirtschaftliche Tiere anschafft, muss sich darüber im Klaren sein, was er mit den schlachtreifen bzw. ausgewachsenen Tieren macht. Will (oder kann) er sie nicht schlachten (lassen), muss er die Vorstellung vom gesunden Fleisch aus eigener Schlachtung vergessen.

Hat man sich dazu entschlossen, Tiere zu halten, um sie zu schlachten, muss man sich Gedanken darüber machen, wie man das korrekte Schlachten, also das Töten, Zerlegen, Ausweiden und weitere Verarbeiten seines Tieres angehen will.

Will man sein Tier, das man so lange gepflegt und umhegt hat, selbst töten? Dieser Frage sollte man sehr ernsthaft nachgehen, denn nur wenn man dies wirklich will und dem Tier dabei in die Augen sehen kann, ist man in der Lage, es ganz präzise und punktgenau zu betäuben und zu töten. Ist man dazu nicht in der Lage, kann es passieren, dass das Tier erschrickt, der Messerstich zum Entbluten nicht richtig sitzt und das Tier einen qualvollen Tod erleidet. So ist die persönliche Entscheidung, ein Tier selbst zu töten, die Grundvoraussetzung aller weiteren Überlegungen.

Dieser Schritt dürfte für die meisten Menschen heute der problematischste sein. Früher war Schlachten auf dem Land Alltag, da konnte man sich ohne das Töten eines Tieres nicht ausreichend ernähren. Oft wurde aber der Gewinn der Fleisch- und Wurstwaren in Form eines Schlachtfestes – häufig zusammen mit den Nachbarn – entsprechend gewürdigt.

Unabhängig von all diesen Vorüberlegungen ist das Schlachten heute eine heikle Angelegenheit; nicht umsonst ist die früher übliche Hausschlachtung so gut wie verschwunden. Denn es müssen viele gesetzliche Vorschriften beachtet werden: vom persönlichen Nachweis der Befähigung hierzu, der geeigneten Schlachtstelle über das tierschutzgerechte Töten bis zur Hygiene beim Zerlegen und Verarbeiten sowie zum Kühlen und Lagern der gewonnenen Fleischprodukte und zum korrekten Entsorgen der Schlachtabfälle. Will man sein Tier außer Haus schlachten lassen, also in einer gewerblichen Schlachtstätte oder bei einem der wenigen Metzger (Fleischer, Schlachter), die noch selbst schlachten dürfen und die auch alle weiteren Arbeitsschritte übernehmen, so sind in Deutschland viele rechtliche Bestimmungen einzuhalten, um nicht mit dem Gesetz in Konflikt zu geraten. Zwar sind die Hürden für eine Hausschlachtung zum Eigenbedarf ein wenig niedriger als für einen Direktvermarkter, aber dennoch bleiben erhebliche Restriktionen. So darf man etwa Fleisch und Fleischprodukte aus einer Hausschlachtung ausschließlich im eigenen Haushalt verwenden; weder unentgeltliches Abgeben noch Verschenken ist erlaubt.

Der Entschluss, ein Tier zu schlachten, darf keineswegs dazu führen, dass das Tier unnötig leidet. Daher darf ein Wirbeltier bei uns nur töten, wer die nötigen Kenntnisse und Fähigkeiten nachgewiesen hat (§ 4 Absatz 1, Tierschutz-Gesetzes). Das dafür nötige spezielle Wissen umfasst den ganzen Schlachtvorgang; selbst Metzger müssen zusätzlich zu ihrer Ausbildung einen behördlichen Sachkunde-Nachweis erwerben, den sich der Auftraggeber für die Hausschlachtung vorlegen lassen muss. So ist in Deutschland z. B. auch bei einer Hausschlachtung

für korrektes Betäuben von Pferd, Rind, Schaf, Ziege und Schwein der Bolzenschussapparat vorgeschrieben, der unter das Waffenrecht fällt. Für Geflügel und Kaninchen gibt es leichtere Geräte ohne Patronen. Der korrekte Einsatz solcher Schlachtschussgeräte erfordert Spezialkenntnisse.

Zum Betäuben von Geflügel und von mit der Angel gefangenen Fischen ist ein stumpfer Schlag auf den Kopf zulässig, wenn das Tier sofort danach getötet wird.

Dies sind nur grundlegende Hinweise zum Betäuben und Töten von Tieren. Wer selbst schlachten möchte, muss sich also sachkundig machen und die erforderlichen Fähigkeiten nachweisen können; bei Fragen zum Thema helfen Landwirtschaftsämter, Landwirtschaftskammern oder Landratsämter sowie Amtstierärzte oder ein regionaler Bauernverband.

In Deutschland muss der amtliche Tierarzt ein Schlachttier in aller Regel auch bei einer Hausschlachtung freigeben, wobei der Amtstierarzt von dieser Lebendbeschau befreien kann. Nach dem Schlachten jedoch muss der Tierarzt eine Fleischuntersuchung durchführen, bevor das Tier zerlegt werden darf, bei Schweinen und Einhufern wie Eseln oder Pferden zusätzlich eine Trichinen-Untersuchung. Für Geflügel und Kaninchen sowie Haarwild (z.B. Gehege-, Gatter- oder Farmwild) können Lebend- und Fleischuntersuchung entfallen, sofern vor dem Schlachten keine Auffälligkeiten am Tierkörper festgestellt wurden.

Rechtsverbindliche Vorschriften enthalten unter anderem EU-Verordnungen, die Tierschutz-Schlachtverordnung oder das Tierische Nebenprodukte-Beseitigungsgesetz. Generell gilt, dass nach dem Schlachten alles vorgeschriebene Risikomaterial (z.B. bei Rindern der Schädel, der Darm, bei Schafen und Ziegen der Schädel, die Milz und ein spezieller Teil des Dünndarms) sowie Schlachtabfälle (z.B. nicht verwertetes Blut, die Haut) über Tierkörperbeseitigungs-Anstalten gegen einen 2 Jahre lang aufzubewahrenden Nachweis unschädlich zu entsorgen sind. Vergraben oder Entsorgen über den Hausmüll bzw. den Misthaufen ist nicht zulässig.

TIPP:

Beispiel Huhn: An den Beinen kopfüber festhalten, mit einem harten Stockschlag auf den Nacken betäuben, den Kopf sofort mit der Axt z.B. auf einem Haublock abschlagen und das Tier zum Ausbluten an den Beinen aufhängen. Keine Sorge: Trotz der oft recht heftigen Muskelzuckungen ist ein kopfloses Huhn definitiv tot!

019
Frisches Fleisch muss eine Weile abhängen

DIE MEISTEN LEUTE wissen, dass Fleisch (für Geflügel gelten andere Regeln) vor dem Verarbeiten eine Weile abhängen soll, weil es dann zarter wird. Davon, dass die Fleischqualität jedoch auch von der Art des Futters und der Behandlung, die man dem Tier zu Lebzeiten und beim Schlachten angedeihen ließ, beeinflusst ist, wird jedoch vergleichsweise weniger gesprochen.

Ein erfahrener Hofschlachter kann schon von weitem riechen, ob die Tiere beim Schlachten unter Stress gestanden haben. Ansonsten lässt sich am pH-Wert des Fleisches ablesen, ob und wie viel Stress das Tier erleiden musste. Verängstigte und gestresste Tiere verbrennen das im Muskelfleisch enthaltene Glykogen schneller, wodurch das Fleisch zäher wird und einen höheren pH-Wert hat. Lebende Tiere haben einen pH-Wert zwischen 7 und 7,2, der im Moment des Todes absinkt und danach noch weiter sinkt. Normalerweise wird dieser Wert zunächst eine Stunde nach dem Schlachten gemessen und danach noch einmal 24 Stunden später. Ist der erste Wert höher als 5,8, hat das Tier unter Stress gestanden. Je nach Fleischpartie kann dieser Wert allerdings leicht variieren, denn die stärker beanspruchten Muskeln verbrennen Glykogen schneller, was unter anderem auch bedeutet, dass die Leichenstarre schneller einsetzt.

Nach 24 Stunden liegt der pH-Wert meist bei rund 5,4 bis 5,6. War das Tier zum Todeszeitpunkt entspannt, kann er sogar bei 5 bis 5,5 liegen. Je höher der Glykogen-Restgehalt in der Muskelmasse, desto höher wird im Laufe der Fleischreifung auch der Milchsäuregehalt der Muskulatur und desto niedriger der pH-Wert. Durch die Fleischreifung steigt der pH-Wert wieder an und kann 6 bis 6,3 erreichen. Dadurch bindet das Fleisch mehr Wasser und ist dann besser zur Produktion von Wurst, Schinken und Braten geeignet. Das Alter des Tieres hat übrigens auf den pH-Wert keinen Einfluss.

Durch das Abhängen beginnt der Fett- und Proteinabbau. Man muss das Fleisch also lange genug hängen lassen, bis es gut zart ist, aber noch nicht zu faulen beginnt. Dabei spielt die Temperatur eine große Rolle. Nach einer alten Faustregel rechnet man mit 40 »Tagesgraden«. Man teilt dabei die Zahl 40 durch die Tagesdurchschnittstemperatur, um die Anzahl von Tagen zu errechnen, die das Fleisch hängen muss. Beträgt die Tagesdurchschnittstemperatur also beispielsweise 5 °C, muss das Fleisch also mindestens 8 Tage lang reifen (40:5=8).

Auch die Art und Weise, wie das Fleisch aufgehängt wird, ist wichtig. Ziehen Sie einen Fleischerhaken oder gewöhnlichen Bindfaden durch die Achillessehne der Hinterläufe. Man kann auch von der Bauchseite her einen Haken durch das Becken ziehen, wodurch die Muskulatur des Rückens gestreckt wird. Je stärker die Muskeln gestreckt werden, desto besser. Wenn Sie einen Kühlraum haben, sollte dort eine Temperatur zwischen 2 und 4 °C bei einer Luftfeuchtigkeit von 85 Prozent herrschen.

FRISCHES FLEISCH AUF DEM TISCH

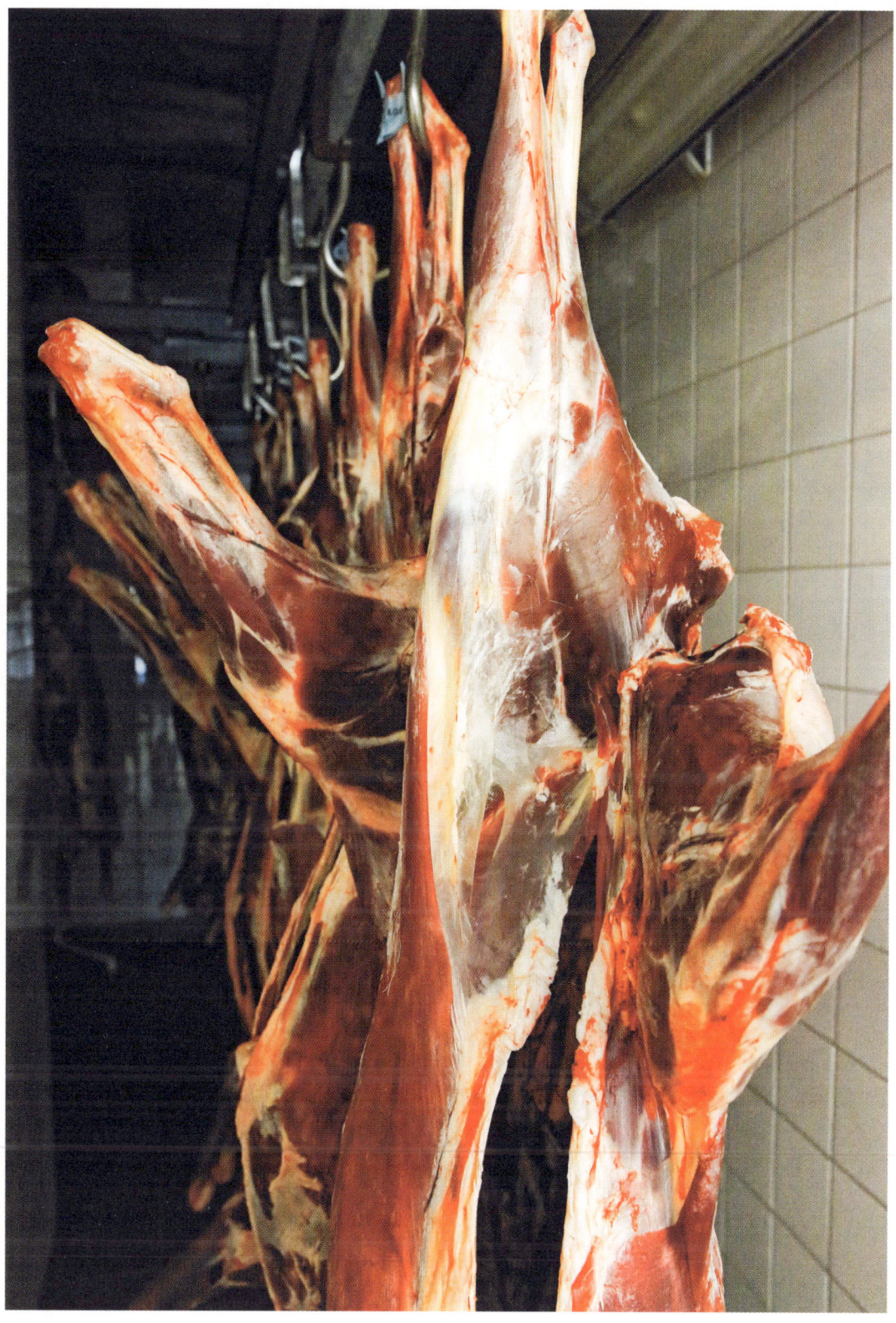

020
Luftgetrockneter Schinken
EINE DELIKATESSE

LUFTGETROCKNETER SCHINKEN ist in Europa außerordentlich beliebt. Er wird vor allem aus Italien und Spanien importiert, aber auch Schwarzwälder Schinken, Bündner Fleisch und Prager Schinken zählen zu den hierzulande geschätzten Schinkenspezialitäten. Probieren Sie die Herstellung doch auch einmal selbst!

DEN SCHINKEN VORBEREITEN Nehmen Sie einen ganzen Hinterlauf, gern von einem alten, gut fetten Schwein, vorzugsweise einer Sau. Schneiden Sie diesen so zurecht, dass der Hüftgelenkskopf wie ein Knopf hervorsteht. Die Schwarte dranlassen und das Fleischstück trocken tupfen. Dann Datum und Fleischgewicht auf einem Plastikstreifen vermerken und an der Achillessehne befestigen.

PÖKELN VON HAND Das Fleischstück mit einer Mischung aus Salz (80 Prozent), Pökelsalz (18 Prozent), Zucker (2 Prozent) und Ascorbinsäure (20 Gramm je 5 Kilogramm Salz) sehr gründlich einreiben und vor allem bei Einschnitten und Kerben an der Schwartenkante sowie an der Achillessehne sehr gründlich vorgehen. Ein Blech mit Drainagelöchern an den Ecken ca. 1 Zentimeter dick mit Salz bedecken und den Schinken darauflegen, dann völlig mit Salz bedecken und in den Kühlraum stellen (bei mindestens 5 °C). Ein paarmal in der Woche nach dem Schinken schauen und bei Bedarf Salz nachschütten. Der Schinken soll je Kilogramm rund einen Tag in Salz liegen – bei 15 Kilogramm Gesamtgewicht sind das also 15 Tage.

TROCKNEN Nach dem Pökeln wird das Salz gut abgespült, und dann kommt der Schinken in einen Kühlraum mit möglichst hoher Luftfeuchtigkeit (70 bis 80 Prozent). Die Temperatur soll hier um 5 °C betragen. Eine Klimaanlage ist ungünstig, da diese das Fleisch zu sehr austrocknen kann. Optimal wäre ein Erdkeller, denn in diesem Milieu kann das Salz am gründlichsten in das Fleisch eindringen. Beim Trocknen verliert der Schinken Wasser. Er ist fertig, wenn er rund 20 Prozent leichter geworden ist. Das dauert normalerweise zwischen 3 und 4 Monaten.

REIFUNG Nun muss der Schinken bei Raumtemperatur reifen. Halten Sie auch hier fest, wie lange und bei welcher Temperatur er hängt. Am besten ist dabei eine Luftfeuchtigkeit von 70 bis 80 Prozent bei einer Temperatur von 8 bis 20 °C – je größer der Schinken, desto höher die Temperatur. Ein 15 Kilogramm schwerer Schinken sollte bei 15 °C hängen, von Zeit zu Zeit jedoch ist es ratsam, ihn für ein paar Stunden auf Zimmertemperatur zu bringen, um die Enzyme auf Trab zu bringen. Wenn der

Schinken weitere 10 Prozent Gesamtgewicht verloren hat (immer schön dokumentieren!), alle Stellen ohne Schwarte mit einer Mischung aus Schmalz, Maizena (aus Mais gewonnenes Stärkemehl) und Pfeffer versiegeln und wieder aufhängen.

Nach knapp einem Jahr sollte der Schinken fertig sein. Das Ursprungsgewicht hat sich dabei im Durchschnitt um 30 Prozent verringert. Wenn er beim Anschneiden nicht deftig, sondern unangenehm riecht, ist das Fleisch faulig geworden (dann haben Sie womöglich zu wenig Salz verwendet). Wenn er hingegen gar nicht oder nur sehr schwach nach Schinken duftet, muss er noch ein paar Wochen oder gar Monate bei hoher Luftfeuchtigkeit hängen.

PÖKELN IN SALZLAKE Alternativ wird der Schinken in eine Tonne gelegt und vollständig mit Salzlake bedeckt. Das Risiko bei dieser Methode ist, dass das Fleisch zu salzig werden kann, doch andererseits kann sich das Salz dabei besser im Fleisch verteilen. Der Salzgehalt der Lake soll zwischen 10 und 20 Prozent betragen (mit einem Saltometer kann man sogar den Salzgehalt des Fleisches testen). Dieser soll bei einem milden Parmaschinken etwa 3,5 Prozent betragen. Die Herausforderung hier ist, den Salzgehalt so niedrig wie möglich zu halten, ohne dass der Schinken verdirbt.

FRISCHES FLEISCH AUF DEM TISCH

021
Fleisch und Fisch räuchern

SCHON SEIT TAUSENDEN von Jahren und überall auf der Welt räuchert man Fleisch und Fisch, um sie haltbar zu machen. Räuchern konserviert das Fleisch, indem den Fasern Wasser entzogen wird. Das Aroma des Fleisches bleibt dabei jedoch erhalten. Haltbarmachung durch Pökeln war früher seltener, denn Salz war sehr teuer, und arme Leute konnten es sich ganz einfach nicht leisten. Heute ist das anders, und inzwischen werden beide Methoden sogar kombiniert, um würzige und haltbare Fleisch- und Fischprodukte zu erhalten. Das Ergebnis sind perfekte Energiepakete für anstrengende Bergwanderungen oder Schwerarbeit auf dem Hof!

Die beste Methode, um Fleisch und Fisch haltbar zu machen, ist das Kalträuchern. Dies ist ein langsamer Prozess, der je nach Räuchergut ein paar Stunden oder auch einige Tage dauern kann. Es ist wichtig, die Temperatur dabei zwischen 20 und 25 °C zu halten, sie jedoch nicht bis 30 °C ansteigen zu lassen – ab dieser Temperatur handelt es sich nämlich schon um Warmräucherung. Der Rauch soll pro Stunde etwa einen Millimeter ins Fleisch eindringen, sodass ein 40 Zentimeter dickes Fleischstück etwa 20 Stunden im Rauch hängen muss (denn der Rauch dringt von zwei Seiten ein!). Frisches Schlachtfleisch sollte vor dem Räuchern erst einige Tage abhängen.

Warmräuchern ist die gebräuchlichste Methode, wenn man das Räuchern selbst vornimmt. Dabei ist das Fleisch schnell fertig, ist allerdings nicht lange haltbar. Die Temperaturen liegen hier normalerweise zwischen 65 und 93 °C, doch das Warmräuchern bei rund 50 °C hat auch seine Anhänger. Das ist eigentlich nur eine Geschmacksfrage, denn je heißer der Rauch ist, desto mehr wird das Fleisch natürlich auch gegart – und das kann man mögen oder auch nicht.

Salzen und Pökeln: Das Räuchergut bekommt ein köstliches Salzaroma, wenn es vorher gründlich mit Salz eingerieben (gepökelt) wird. Alternativ kann man es auch in Salzlake einlegen: Je Liter Wasser 100 Gramm Salz und nach Geschmack mit einem Esslöffel Zucker zusammen aufkochen. Wie lange Sie das Fleisch darin einlegen – nur ein paar Tage oder sogar ein paar Wochen – liegt ganz bei Ihnen.

Räuchern mit Chips, Chunks oder Spänen? Da gehen die Meinungen weit auseinander, und es gibt viele Information dazu auf den Grillportalen im Internet. Ich selbst bevorzuge gut abgelagerte Holzscheite, vor allem Erle, Birke, Eiche oder Esche. Andere ziehen Späne oder sogar Sägemehl vor. Wie immer gilt: Versuch macht klug!

Haltbarkeit: Warmgeräuchert halten sich Fisch oder Fleisch etwa eine Woche lang im Kühlschrank oder Erdkeller frisch. Wenn man das Räuchergut vor dem Warmräuchern zuerst trocknet, kann es sich bis zu einem Monat lang halten. Kaltgeräuchertes Fleisch hingegen hält mehrere Monate lang, besonders, wenn es vorher ebenfalls getrocknet oder gepökelt wurde.

Achten Sie darauf, geräucherte Lebensmittel kühl, dunkel und trocken aufzubewahren.

022
Bratwurst-Klassiker

AUS EIGENER HERSTELLUNG

MAN KANN EIGENTLICH aus so ziemlich jedem Fleisch Wurst machen. Es ist nur darauf zu achten, den Fettgehalt richtig auszutarieren. Ist zu viel Fett in der Wurstmasse, schmeckt die Wurst nicht; ist zu wenig Fett drin, wird sie hart und trocken. Geeignetes Fett für Wurst sind Talg, Schmalz oder normaler Schinkenspeck.

Zum Stopfen der Wurst benötigen Sie einen Fleischwolf oder einen entsprechenden Aufsatz für die Küchenmaschine, eine Wurstspritze (Wurstfüllmaschine) oder einen Spritzbeutel mit passender Tülle. Wie grob oder fein das Fleisch gemahlen wird, ist wie immer Geschmackssache.
Man sollte die Wurstmasse vor dem Stopfen auf jeden Fall probieren. Stechen Sie einen Esslöffel von der Masse ab und braten diese in der Bratpfanne, damit Sie ein Gefühl dafür bekommen, wie die fertige Wurst später schmeckt. Dann können Sie nach Bedarf nachwürzen oder die Konsistenz verändern. Den rohen Teig sollte man allein schon aus hygienischen Gründen nicht probieren. Achten Sie darauf, dass die Wurstmasse beim Verarbeiten kühl genug bleibt. Wird sie zu warm, kann das Fett auslaufen; dann wird die Wurst später körnig und trocken.

WURSTDARM SELBST HERSTELLEN Normalerweise verwendet man Darm vom Schwein, Schaf oder Rind. Darm vom Lamm ist zu dünn und zerbrechlich. Die Därme mehrmals mit Wasser gründlich ausspülen, dabei von innen nach außen wenden und die Darmzotten mit einem stumpfen Küchenmesser abschaben. Diese sitzen oft recht fest, daher ist beim Bearbeiten Vorsicht geboten, damit man keine Löcher in den Darm reißt. Am leichtesten lassen sich die Därme mithilfe eines (sauberen) Gartenschlauchs wenden. Vor dem Stopfen in handliche Stücke schneiden.
Man kann die gewaschenen Därme selbstverständlich einfrieren oder in Salzwasser aufbewahren, bis sie benötigt werden, aber am besten verwendet man sie frisch.

KLASSISCHE BRATWURST

Ergibt 1 kg Wurst
1 kg grobes Schweinehack
1 Zwiebel, fein gehackt
2–3 Knoblauchzehen, fein gehackt
½ EL Zucker
1 EL Majoran
½ TL Ingwerpulver
½ TL Koriander, gemahlen
1 TL grob gemahlener schwarzer Pfeffer
1 EL Salz
100 ml Milch
3–4 m Schweinedarm

Alle Zutaten gut mischen und vor dem Füllen des Darms eine Probierportion braten.
Dann den Darm füllen und jeweils in 20 cm Abstand mit Küchengarn abbinden.
Die fertigen Würste 15 Minuten lang in 80 °C heißes Wasser legen. Wenn das Wasser zu schnell abkühlt, heißes Wasser nachgießen. Dann zum Abkühlen in kaltes Wasser legen.
Vor dem Grillen gern über Nacht in den Kühlschrank legen oder direkt einfrieren. Gekocht, gebraten wie gegrillt lecker zu Salat und frischem Brot.

HIRSCH-CHORIZO

Ergibt 1,5 kg Wurst

1,4 kg grobes Hackfleisch vom Hirsch
200 g feingehacktes Wildschweinfett
4 EL gemahlene Paprika (gern geräuchert)
2 EL Chilipulver
6 Knoblauchzehen, gerieben
3 TL Pökelsalz
1 TL grob gemahlener schwarzer Pfeffer
1 TL Kümmel, geröstet und im Mörser zerstoßen
½ TL gemahlener Koriander
150–200 ml Rotwein
Wasser
3 Meter Schweinedarm

Alle Zutaten gut mischen und vor dem Füllen des Darms eine Probierportion braten. Dann den Darm füllen und im gewünschten Abstand mit Küchengarn abbinden. Vor dem Grillen gern über Nacht in den Kühlschrank legen oder direkt einfrieren. Besonders lecker werden die Würste, wenn man die Möglichkeit hat, sie noch 15 bis 30 Minuten lang zu räuchern.

FRISCHES FLEISCH AUF DEM TISCH

023
Hackfleisch vom Lamm, Rind, Schwein oder Wild

SCHON VON JEHER hat man alle verwertbaren Fleischreste, die beim Zerlegen der Tiere übrigblieben, zu Gehacktem verarbeitet. Dabei wird nichts verschwendet; man kann die besten Stücke zum Braten und Grillen verwenden und den Rest zu Würsten und Gulasch verarbeiten.

Es macht einfach Sinn, nichts zu verschwenden; zudem ist es gut für die Umwelt, fürs Portemonnaie und für unser Selbstverständnis als verantwortungsvolle Erdenbürger. Hören Sie also nicht auf diejenigen, die auf allerfeinstem Beefsteakhack bestehen. Achten Sie nur darauf, die Fleischreste mindestens zweimal durch den Fleischwolf zu drehen, damit keine harten Sehnenreste durchrutschen.

SO WIRD'S GEMACHT: Unabhängig von der Art des verwendeten Fleisches ist es vor allem wichtig, alle Zutaten zu einer gleichmäßigen Masse zu verarbeiten. Immer mindestens zweimal durch den Fleischwolf drehen – es besteht ein großer Unterschied zwischen der Konsistenz des ersten und des zweiten Durchgangs! Soll das Hack fetter sein, geben Sie entweder Fett des verarbeiteten Tiers oder zusätzlich Schweinefett dazu. Würzen sollte man Hack erst unmittelbar vor der Zubereitung. Hängt es nicht gut zusammen, geben Sie Kartoffelmus, Haferflocken oder Semmelmehl als Stabilisator dazu.

LAMM Durch seinen niedrigen Fettgehalt (rund 15 Prozent) ist es optimal für Frikadellen, Fleischklöße, Moussaka, Hackbraten und -spieße.

RIND Im Gegensatz zu Schweinefleisch ist Rindfleisch weniger anfällig für Mikroorganismen und daher auch für Rohfleischgerichte wie Tatar oder Carpaccio geeignet.

Das Fleisch hat normalerweise einen Fettgehalt von 10 bis 15 Prozent. Wenn man Rinderhack zu Hamburgern oder Frikadellen verarbeitet, sollte man es nicht zu stark verkneten, damit es schön locker bleibt. Sonst kann man auch etwas Kartoffelmus, Haferflocken oder Semmelmehl als Stabilisator in die Fleischmasse geben.

GEMISCHTES HACK (SCHWEIN UND RIND) Rinderhack ist recht teuer, daher wird allgemein gern gemischtes Hack verwendet. Zu gleichen Teilen gemischt, hat es genau die richtige Konsistenz für saftige Frikadellen und Hacksteaks, die nicht gleich auseinanderfallen.

SCHWEINEHACK Es hat den höchsten Fettgehalt (ca. 25 Prozent) und passt daher zum Beispiel hervorragend zu Kohlgerichten. Auch in chinesischen Gerichten findet man Schweinehack, beispielsweise als Füllungen in Frühlingsrollen und Nudelgerichten, wo es die Zutaten durch den hohen Fettgehalt gut zusammenhält.

WILD Auch Wild, zum Beispiel Schalenwild oder Wildschwein, ist für Hackfleischgerichte geeignet und lässt sich vor allem wunderbar mischen. Hackfleisch vom Wild ist äußerst lecker, besonders, wenn man es selber macht. Der Fettgehalt ist sehr niedrig (rund 5 Prozent), und man kann das Hack für so ziemlich alles verwenden wie Wildfrikadellen, Lasagne oder Hackbratensauce.

Wenn die Mischung nicht gut zusammenhält, kann man etwas Schweinehack dazugeben oder, wie ich es gern tue, den Teig mit einem rohen Ei geschmeidig machen.

024
Kochen in der Kochgrube

MAN KANN DRAUSSEN im Freien auch ohne Grill leckeres Essen zubereiten.
Schon seit prähistorischer Zeit ist das Kochen in der Kochgrube eine effektive und aromaschonende Methode, Nahrungsmittel mit Hilfe von heißen Steinen langsam im eigenen Saft zu garen. Nach archäologischen Befunden waren manche Gruben so groß, dass darin sogar ganze Hirsche zubereitet werden konnten. Die besten Ergebnisse erzielt man jedoch mit kleineren Tieren oder Gemüse.
Während man früher Birkenrinde oder große Blätter verwendete, um das Essen vor Asche und anderen Verschmutzungen zu schützen, verwendet man in neuerer Zeit angefeuchtetes Zeitungspapier, in dem das Kochgut mit Hanfschnur wie ein Paket verpackt wird. Inzwischen geben Campingfans

Alufolie den Vorzug. Die Folie schließt dicht und leitet die Wärme optimal weiter.

Gemüsegericht für 4 Personen: 500 g gemischtes Gemüse (zum Beispiel Zwiebeln, Knoblauch, Porree, Pastinaken, Mohrrüben, Sellerie, Steckrübe oder Rote Bete) und 500 g Kartoffeln mit etwas Butter, Gewürzen und Salz und Pfeffer in Alufolie wickeln und für etwa 30 bis 40 Minuten in der Kochgrube garen.

Fleisch und Fisch in der Kochgrube: Im Prinzip kann man alle Fleisch- oder Fischsorten nehmen. Vor allem Lamm, Rindfleisch und Fisch gelingen in der Kochgrube ganz vorzüglich.

SO WIRD'S GEMACHT

- → Birkenrinde über Nacht in kaltes Wasser (oder ein paar Stunden in warmes Wasser) einweichen, damit sie formbar wird. Sie brauchen hier die gesamte Rindenschicht inklusive der faserigen Innenschicht, des Kambiums.
- → An einer trockenen Stelle im Garten eine mindestens 50 Zentimeter tiefe Grube sauber ausheben. Die Ränder sollen fest und gerade sein, damit sie beim Kochen nicht einstürzen.
- → Den Boden der Grube mit faustgroßen Feldsteinen auskleiden. Sie sollen ein Stück weit die Wand hochreichen. Möglichst dicht zusammenlegen, damit sie sich im Feuer gut aufheizen.
- → Dann in der Grube ein ordentliches Lagerfeuer machen und mindestens 45 Minuten brennen lassen. Man kann noch ein zusätzliches Lagerfeuer entfachen, um die Decksteine darin zu erhitzen.
- → Eine halbe Stunde später mit den Essensvorbereitungen beginnen. Fleisch und Gemüse würzen und in mehrere Schichten Alufolie oder in die gewässerte Birkenrinde einwickeln (das Essen auf die Innenseite der Rinde legen und mit Schnur aus Naturfasern umwickeln). Alternativ kann man auch mehrere Lagen großer Blätter (Wein, Mais oder Rhabarber) verwenden. Wenn Sie Birkenrinde verwenden, zuerst eine Schicht Moos oder Gras auf die heißen Steine legen, damit das Essen nicht verschmutzt wird.
- → Wenn die Steine sich gut aufgeheizt haben, die Kohle gleichmäßig auf dem Boden der Kochgrube verteilen und nicht verbranntes Holz entfernen. Es macht nichts, wenn nur noch wenig Holzkohle übrig ist; je mehr Glut, desto größer ist die Gefahr, dass während des Garvorgangs Löcher in die Alu- oder Rindenumhüllung gebrannt werden.
- → Das Essen auf die Gras-/Moosschicht legen und mit einer weiteren Schicht Gras/Moos bedecken.
- → Darauf kommen die Steine, die in dem zweiten Feuer erhitzt wurden.
- → Die Grube mit der ausgehobenen Erde bedecken und auch die entfernten Grassoden wieder darauf legen.
- → Wenn nach einer Weile immer noch Rauch aus dem Boden dringt, muss die Deckschicht etwas verdichtet werden, um die Sauerstoffzufuhr zu drosseln.
- → Die Garzeit richtet sich nach dem Kochgut. Man rechnet jedoch pro Kilogramm Fleisch am Stück etwa 1 bis 1,5 Stunden, während Fisch oder Gemüse nur etwa eine halbe Stunde brauchen.
- → Schauen Sie nach der veranschlagten Garzeit nach – sollte das Fleisch wider Erwarten noch nicht gar sein, einfach noch eine Weile in die Kochgrube geben und wieder zudecken.

025
Licht und Luft in den Garten lassen

IN LÄNGER EXISTIERENDEN, eingewachsenen Gärten haben sich häufig dunkle Ecken gebildet. Da lohnt es sich, durch Beschneiden der Bäume Licht und Luft in den Garten zu lassen. Manchmal reicht es schon, einen großen Ast abzunehmen, doch nicht selten muss man ernsthaft Hand anlegen. Treten Sie dabei immer wieder ein paar Schritte zurück und betrachten Sie das Ergebnis. So sieht man am besten, wo das Astwerk noch besonders dicht ist und wo man sich lieber zurückhalten sollte.

Der beste Zeitpunkt für den Obstbaumschnitt ist im Winter während der Ruhephase des Baums, jedoch möglichst nicht bei Frost. Im Sommer jedoch kann man unmittelbar erkennen, wo allzu dichte Kronen gelichtet oder allzu heftige junge Triebe etwas gebremst werden müssen. Ich selbst beschneide, wann ich dazu Zeit habe, oder an einem Sonnentag im Vorfrühling. Ein häufiger Fehler dabei ist es, allzu hart zurückzuschneiden, denn dann beginnen sich oft hier und dort Knospen vorzeitig zu öffnen. Am günstigsten ist es, zu warten, bis sich die ersten Knospen in der Frühlingssonne zu öffnen beginnen. Eine gut ausgelichtete Krone regt auch die Bildung neuer Triebe an.

DIE MÜTZE FALLEN LASSEN Ein alter Kniff, um zu sehen, ob man genug weggeschnitten hat ist es, die Mütze aus der Krone fallen zu lassen. Bleibt sie dabei nämlich unterwegs hängen, ist das Astwerk immer noch zu dicht und man muss noch einmal an die Arbeit. (In Frankreich sagt man, ein Vogel soll ungehindert hindurchfliegen können.)

RICHTIG SÄGEN Ein häufiger Grund, warum Bäume eingehen oder von Krankheiten befallen werden, ist das unsachgemäße Beschneiden. Schneiden Sie den Ast deshalb immer unmittelbar am Stammkragen ab, lassen diesen aber stehen. So kann die Wunde am schnellsten heilen, denn die Säfte der Rinde versorgen sie mit Nährstoffen. Schneidet man allerdings zu nahe am Stamm, riskiert man Baumschorfbefall; lässt man die Aststümpfe allzu lang überstehen (5 bis 10 Zentimeter), können dort Pilze eindringen und sich bis in den Stamm ausbreiten. Setzen Sie zuerst einen Schnitt in einigem Abstand zum Stamm ab, um Verletzungen der Rinde zu vermeiden, und schneiden dann den verbliebenen Stumpf quer zur Wuchsrichtung dicht am Stammkragen ab.

LICHT UND LUFT Vor allem sollen Licht und Luft durch die Krone in den Baum kommen. Dafür müssen nach innen wachsende Äste weggenommen werden – alle Äste sollen nach außen wachsen, niemals zum Stamm hin. Öffnen Sie die Krone nach Süden hin, aber seien Sie, wenn Sie dies im Winter tun, vorsichtig – schneiden Sie lieber im Sommer noch einmal nach.

Waagerechte und leicht nach oben wachsende Äste sollte man stehen lassen, besonders, wenn sie sich in Pflückhöhe befinden.

Schneiden Sie vor allem die sogenannten Wassertriebe ab, die aus den narbenartigen Verdickungen senkrecht nach oben stehen, sowie alles, was allzu senkrecht und aggressiv nach oben wächst. Allzu tiefhängende Äste behindern das Mähen der Wiese oder des Rasens und können, mit reifem Obst beladen, bis auf die Erde reichen und den Baum unnötig belasten.

PFROPFREISER SAMMELN Wenn Sie selbst veredeln wollen, lohnt es sich, beim Baumschnitt im Winter Reiser zu sammeln, bevor sich die Knospen geöffnet haben (siehe dazu auch Seite 66).

026
Veredeln leichtgemacht

MIT DEM VEREDELN sollte man erst anfangen, wenn der Saft im Frühjahr wieder zu steigen begonnen hat und die Rinde sich leicht vom Stamm lösen lässt. Dann hat man jedoch den ganzen Frühling über dafür Zeit. Erkundigen Sie sich im Zweifelsfall in Ihrem Gartencenter oder beim Gärtner, wann in Ihrer Gegend der beste Zeitpunkt zum Pfropfen ist.

Veredeln ist die kostengünstigste Methode, selbst einen Obstgarten anzulegen, vor allem, wenn es ein großer Obstgarten sein soll. Man kann sogar mehrere Sorten auf einen einzigen Stamm pfropfen! Kaufen Sie Grundstämme, die sogenannte Unterlage, und pfropfen (oder okulieren) dann die Reiser der gewünschten Sorte auf. Erkundigen Sie sich beim Gartenbauverband, im Gartencenter oder im Internet, welche Unterlage für Ihre Zwecke die richtige ist. Je enger der Grundstamm mit dem Edelreis verwandt ist, desto besser wird dieses anwachsen.

Schneiden Sie die Edelreiser im Frühjahr, bevor sich die Knospen öffnen, und lagern diese so kühl wie möglich (im Kühlschrank oder Kühlhaus) in feuchtem Zeitungspapier. An jedem Reis müssen sich mindestens 2 bis 4 Knospen befinden.

Wenn sich am Grundstamm die ersten Blätter zeigen, kann mit dem Rindenpfropfen begonnen werden. Jetzt lässt sich die Rinde so weit vom Stamm lösen, dass das zugespitzte Edelreis in den Zwischenraum geschoben werden kann. Es ist wichtig, dass sich das Reis dabei noch im Ruhezustand befindet (wofür die kühle Lagerung sorgt).

Machen Sie sich rechtzeitig vor dem Veredeln darüber Gedanken, wie der neue Baum aussehen soll, dann ersparen Sie sich in den kommenden Jahren viel unnötige Arbeit beim Beschnitt.

Wenn sich sowohl Stamm als auch Reis noch in der Winterruhe befinden, verwendet man die Technik des Spaltpfropfens. Dabei werden die zugespitzten Reiser in passende, in die Unterlage geschnittene Kerben gefügt. Dann wird die Nahtstelle mit Wachs luftdicht verschlossen und mit Bast, Gummiband oder auch einem ausgedienten Fahrradschlauch umwickelt. Es ist wichtig, dass das Wachs die gesamte Nahtstelle (mit Ausnahme der Schnittflächen) bedeckt, damit diese nicht austrocknet.

SO WIRD'S GEMACHT

Rindenpfropfen:
1. Das Reis zum Körper hin halten und das untere Ende auf den halben Durchmesser zuspitzen. Die Schnittstelle soll 2 bis 4 Zentimeter lang sein, und an jedem Reis sollen 2 bis 4 Knospen sitzen. Üben Sie nötigenfalls den Umgang mit dem Messer zunächst an ein paar Eschenzweigen oder dergleichen.
2. Am Grundstamm einen etwas kräftigeren Ast abschneiden (oder sägen, wenn er zu dick ist). Dann mit dem Messer zwischen Stamm und Rinde einen Schnitt anbringen – nicht zu tief, aber tief genug, damit man das Reis dort hineinstecken kann.
3. Zwei oder drei Edelreiser auf denselben Ast pfropfen, damit sichergestellt ist, dass zumindest eines anwächst. Die überschüssigen Triebe erst im nächsten Jahr abschneiden.

Spaltpfropfen:
Hier schneidet man das Edelreis unten so zu, dass es nach dem Baukastenprinzip exakt in eine in den Grundstamm geschnittene Kerbe passt. Dann die Nahtstelle mit Bast, Gummiband etc. umwickeln. Gut mit Wachs versiegeln, damit die Wunde nicht austrocknet oder von Schädlingen befallen wird.

TIPP

Lassen Sie Winteräpfel nicht zu lange am Baum hängen. Sie müssen noch vor dem ersten Frost geerntet werden.

In den ersten 4 bis 5 Jahren brauchen frisch gepflanzte Bäume viel Wasser. Sie gedeihen außerdem besser, wenn rund um den Stamm kein Unkraut wächst.

027
Leckere Obstsorten
ÄPFEL, BIRNEN, KIRSCHEN, PFLAUMEN

ZUALLERERST MUSS MAN sich darüber Gedanken machen, was man von seinem Obstgarten erwartet. Frühe Sorten oder Winteräpfel? Wollen Sie die Äpfel so essen oder auch zum Kochen und Backen verwenden?

Am günstigsten ist es, wenn sich die Reifezeit der Obstbäume gleichmäßig über die gesamte Erntesaison verteilt. Es ist wunderbar, wenn man den ganzen Sommer und Herbst über Obst ernten kann. Wenn der Garten nicht sehr groß ist, kann man gut mehrere Sorten auf einen einzigen Grundstamm pfropfen. Lassen sie Obstbäume jedoch nicht zu groß werden, denn das erschwert das Beschneiden und die Ernte doch erheblich. Sommeräpfel, Birnen, Kirschen und Pflaumen werden direkt vom Baum geerntet und verzehrt, doch Winteräpfel müssen nach der Ernte erst einmal ein paar Wochen gelagert werden, bevor sie ihren vollen Geschmack entwickeln.

Äpfel

Es gibt eine so große Vielzahl an Apfelsorten, dass hier nur empfohlen werden kann, sich in der einschlägigen Literatur und/oder im Internet zu informieren. Beliebt sind *Elstar, Discovery, Retina, Rebella* und *Florina* (weitere Sorten unter www.mein-schoener-garten.de).

Birnen

Birnen sind anfälliger und weniger frostresistent als Äpfel. Gängige Sorten in Deutschlands Obstgärten sind z. B. *Williams Christ, Concorde* oder *Conference*. Man darf frisch geerntete Birnen und Äpfel übrigens nicht zusammen aufbewaren, da sie dann schneller verderben.

Pflaumen und Kirschen

Pflaumen sind im Gegensatz zu Äpfeln und Birnen oft Selbstbestäuber und können daher auch als Einzelexemplare im Obstgarten stehen. Sie stellen in Bezug auf die Bodenbeschaffenheit weniger Ansprüche als beispielsweise Äpfel und müssen nur auf sehr sandigem Boden zusätzlich gedüngt werden. *Kirschen* hingegen gedeihen am besten auf kalkhaltigem, durchlässigem Boden. Auch sie sind oft Selbstbestäuber.
Empfehlenswerte Pflaumensorten: *Juna, Ruth Gerstetter* und *Katinka* (früh), *Aprimira, Cacacs Schöne* und *Hanita* (mittelfrüh) sowie *Hauszwetschge Typ Schüfer, Presenta* und *Tophit Plus* (spät).
Empfehlenswerte Süßkirschensorten: *Herzkirsche Burlat, Johanna, Hedelfinger Riesenkirsche, Kordia* und *Regina*.

028
Beeren sorgen im Winter für Farbe

ERDBEEREN, HIMBEEREN, Walderdbeeren, Johannisbeeren, Brombeeren, Stachelbeeren und Blaubeeren – sie alle machen den Garten für die ganze Familie verlockender. Und wenn man die ganze Herrlichkeit nicht aufessen kann, friert man den Rest einfach ein, dann hat man auch im Winter seine Freude daran.

Machen Sie sich wie immer vorher schlau und wählen Sie kräftige, gegen Schädlinge und Krankheiten widerstandsfähige Sorten; je nach Region können das ganz unterschiedliche Sorten sein. Denken Sie auch daran, dass in jedem Garten ein eigenes Mikroklima herrschen kann.

Beerenbüsche kann man selbst vermehren, indem man junge Zweige ganz herunter auf den Boden zieht, die Berührungsstelle mit Erde bedeckt und mit einem Stein beschwert, damit sie nicht verrutscht. Dann regelmäßig gießen, und im nächsten Jahr haben sich dort schon kräftige Wurzeln gebildet. Dann kann man den Zweig durchtrennen und die Jungpflanze dorthin setzen, wo man sie haben will.

Erdbeeren bilden von selbst Seitentriebe mit eigenen Wurzeln aus, die man einfach abschneiden und einpflanzen kann.

Beerensträucher brauchen viel Sonne und Wasser, sollen jedoch nur mäßig gedüngt werden, sonst bekommt man nur große Blätter und wenig Beeren. Wenn Sie Asche haben, können Sie diese als Dünger unter die Büsche streuen. Es lohnt sich, den Boden rundherum mit Grasschnitt zu bedecken, um die Feuchtigkeit darin zu halten. Nicht abends gießen, da die Feuchtigkeit dann zu Pilzkrankheiten führen kann.

Versuchen Sie, den Boden unter den Beerensträuchern so unkrautfrei wie möglich zu halten. Unkraut entzieht den Sträuchern Feuchtigkeit und Nährstoffe, sodass die Beerenernte schlechter ausfällt. Besonders Erdbeeren und Walderdbeeren sind gegen Konkurrenz sehr empfindlich. Bedecken Sie den Boden rundherum mit dem, was zur Hand ist – Grasschnitt, Rindenmulch, Gartenvlies, Zeitungen, alten Strohmatten oder Teppichresten.

HEIDELBEEREN Früher kannten wir Heidelbeeren als Wildpflanzen, aber inzwischen haben sich die aus Nordamerika stammenden Kulturheidelbeeren auch bei uns allgemein durchgesetzt. Manche Sorten werden bis zu 70 Zentimeter hoch und geben rund 5 Liter saftige, vitaminreiche Beeren pro Jahr. Wenn man mehrere Sträucher hat, wird das eine ziemliche Ernte – im Winter kann man damit das Frühstück aufpeppen und leckere Säfte und Smoothies zubereiten. Kulturheidelbeeren kann man übrigens auch als Hecke pflanzen (mit ungefähr einem Meter Abstand der Sträucher zueinander).
Empfehlenswerte Sorten sind *Bluecrop, Pilot, Duke, Hardyblue* und *Darrow*.

HIMBEEREN gehören zu den nützlichsten Wild- und Kulturbeeren überhaupt. Sie sind reich an Eisen, Ballaststoffen, Vitamin A und C und Antioxidantien sowie Oxytoxin, das eine beruhigende Wirkung hat. Frisch oder tiefgefroren, in Säften, als Konfitüre und in Nachspeisen sind sie zu allen Jahreszeiten ein Genuss!

Die Sträucher sollten alle 10 Jahre gegen neue ersetzt werden. Je mehr Kompost und Mull Sie dem Boden in der Zwischenzeit zugeben, desto länger

werden sie halten. Verjüngen Sie den Bestand durch Jungtriebe der bestehenden Büsche oder kaufen Sie neue, wenn Sie auf Nummer sicher gehen wollen. Sowie die Erntezeit vorbei ist, werden die Pflanzen kräftig zurückgeschnitten – vor allem die Triebe, die Beeren getragen haben. Lassen Sie pro Meter Boden nicht mehr als 10 bis 12 Triebe stehen. Himbeeren werden nämlich sehr schnell buschig und nehmen sich gegenseitig Licht und Luft weg, wodurch sich weniger Beeren bilden.

Im Frühling werden übermannshohe Triebe zurückgeschnitten. Biegen Sie die langen Triebe im Bogen zurück und befestigen diese an einem Spalier, dann kommt mehr Licht an die Pflanze, und die Ernteausbeute wird besser.

Leider sind Himbeeren anfällig für verschiedene Schädlinge und Krankheiten, zum Beispiel Himbeerkäfer, Himbeerrutenfliege und vor allem die Himbeerrutenkrankheit. Wenn Ihre Exemplare davon betroffen sind, kann es sich empfehlen, alle Pflanzen zu entfernen und stattdessen herbsttragende Himbeeren zu setzen, die wesentlich widerstandsfähiger sind.

Empfohlene Herbsthimbeersorten sind *Aroma Queen*, *Sugana* (trägt sogar zwei Ernten), *Goldkind*, *Autumn Bliss*, *Himbotop*, *Polka* sowie *Pokusa*.

ERDBEEREN sind die Sommerbeeren Nummer Eins. Sie sind reich an Antioxidantien, Folsäure, Vitamin B und C, Magnesium und Jod. Ich empfehle, widerstandsfähige Sorten im Hochbeet zu pflanzen. Die Pflanzen sollen relativ klein sein. Sie brauchen viel Licht und Wasser, jedoch nicht zu viel Dünger, denn der kommt eher den Blättern zugute, begünstigt Schimmelbildung und lockt Schnecken an. Lassen Sie früh in der Saison den Boden um die Pflanzen frei, da sich sonst leicht Grauschimmel bildet. Doch sowie sich die Zweige dem Boden entgegenneigen, lohnt es sich, den Boden unter den Pflanzen abzudecken, um die Ernte sauber zu halten. Wenn Sie ein größeres Erdbeerbeet haben, können Sie das Ganze mit schwarzem Gartenvlies bedecken. Dort, wo die Pflanzen sind, kreuzförmige Schlitze schneiden und einfach über die Pflanzen bis auf den Boden ziehen. So bleiben die Beeren sauber, und es wächst kein Unkraut.

Erdbeerpflanzen sollen alle vier bis sechs Jahre ausgewechselt werden. Sie können dafür Wurzeltriebe der bestehenden Pflanzen nehmen, sofern diese gesund waren, sollten diese aber dennoch in einigem Abstand zum alten Beet pflanzen. Auch hier gelten die Regeln des Fruchtwechsels.

Erdbeerschädlinge sind Dickmaulrüssler, Erdbeerblütenstecher, Grauschimmelfäule und Mehltau.

Empfohlene Erdbeersorten: *Lambada*, *Osterfee* (früh), *Korona*, *Mieze Schindler*, *Polka*, *Senga Sengana* (mittel), *Salsa*, *Symphony* (spät).

STACHELBEEREN sind herrlich, wenn man die richtige Sorte erwischt, denn leider sind sie auch sehr anfällig für Mehltau. Sie sind sehr reich an Vitamin C und B sowie Calcium und Phosphor. Wenn sich der Strauch gut entwickelt, braucht er keinen Dünger, ansonsten kann man etwas Asche oder Kompost hinzugeben.

Schädlinge und Krankheiten: Stachelbeerblattwespe und Mehltaupilze überwintern in den Knospen und sind sehr schwer wieder loszuwerden.

Gute Sorten: *White Lion*, *King of Trumps* (grün), *Maiherzog*, *Ironmonger* (rot), *Larell*, *Pax* und *Spinefree* (dornenlos).

JOHANNISBEEREN sind wohl die widerstandsfähigste Beerensorte überhaupt. Sie gedeihen praktisch überall, sogar im hohen Norden. Am wohlsten fühlen sie sich in feuchtem, mullreichem Boden. Rote Johannisbeeren brauchen direkte Sonne, während schwarze Johannisbeeren Halbschatten vorziehen. Sparsam mit Stallmist oder Grasschnitt düngen und etwas Asche darüberstreuen. Nach drei bis vier Jahren kann man die Sträucher etwas zurückschneiden, da sie sonst leicht zu ausladend werden. Zuerst die Zweige entfernen, die dem Boden am nächsten sind. Möglichst dicht an der Basis abschneiden, damit sich keine Krankheiten bilden.

Johannisbeeren sind vor allem reich an Vitamin C und E sowie Kalium.

Schädlinge und Krankheiten: Blattlaus, Mehltau sowie die Gallmilbe, die eine Viruskrankheit verbreitet, durch die die Pflanzen steril werden.

Sorten: *Makosta, Rolan, Rovada* und *Telake* (rot), *Bona, Ometa, Titania* (schwarz), *Blanka, Champagner, Weiße Versailler* (weiß).

BROMBEEREN wachsen fast überall wild. Sie sind reich an Vitamin C und K, Folsäure und Mangan. Es gibt auch dornenlose Kultursorten, die sich an sonnigen Südwänden oder Spalieren wohl fühlen. Im Sommer bilden frisch gepflanzte Brombeeren neue Triebe, die erst im nächsten Jahr Blüten und Früchte tragen. Nach der Ernte schneidet man die beerentragenden Triebe auf Bodenhöhe ab und leitet gleichzeitig die neuen Ruten für die nächstjährige Ernte hoch. Rechtzeitiges und gründliches Beschneiden lässt Licht und Luft an die Pflanze kommen. Vorsichtig mit stickstoffhaltigen Düngern, da diese Grauschimmelfäule begünstigen.

Schädlinge und Krankheiten: Gelegentlich Grauschimmelfäule.

Gute Sorten: *Theodor Reimers* (mit Dornen), *Loch Ness, Lubera Navajo* (dornenlos).

WALDERDBEEREN sind die Favoriten der Kinder. Wunderbar als Randbepflanzung im Kräuterbeet, sofern Sie rankende Sorten vermeiden. Sie vertragen Dürreperioden recht gut, schmecken aber am besten, wenn sie reichlich gegossen werden. Rankende Sorten kann man durch Auspflanzen der Ausläufer leicht vermehren.

Schädlinge und Krankheiten: Gelegentlich Befall durch *Galerucella tenella*, einen Blattkäfer.

Gute Sorten: *Fruirose, Alexandria, Mara des Bois*.

029
Obst und Gemüse einfrieren

NEBEN DEN ALTBEWÄHRTEN Methoden des Einkochens, Säuerns und Entsaftens ist der Gefrierschrank ein unentbehrliches Hilfsmittel für Selbstversorger. Dadurch muss man auch im Winter auf den Genuss von frischem Obst und Gemüse nicht verzichten.

- → Frieren Sie nur Produkte von hoher Qualität ein.
- → Schon vor dem Eintüten planen, wie viel Mais, Beeren oder Pilze in jede Tüte, Dose oder Vakuumverpackung kommen sollen.
- → Inzwischen sind Vakuumiergeräte für den Haushalt recht preiswert in der Anschaffung. Damit kann man so ziemlich alles Gefriergut, sogar Pilze, luftdicht und platzsparend verpacken.
- → Kleine Portionen sind besser als große. Wenn Sie doch einmal mehr benötigen, nehmen Sie einfach zwei.
- → Nicht vergessen, Datum und Inhalt auf den Verpackungen zu notieren.
- → Manchmal verbraucht man von einer bestimmten Sorte Obst oder Gemüse nicht so viel wie erwartet. Das nächste Mal lieber rechtzeitig einen Teil der Ernte verschenken, bevor man den Gefrierschrank damit überfüllt.
- → Beeren, Obst und große Pilze locker auf ein Tablett legen und einfrieren. Erst am nächsten Tag in Tüten füllen, dann frieren sie nicht zu einem Klumpen zusammen.
- → Himbeeren, Erdbeeren, Brombeeren, Pflaumen, Kirschen – eigentlich kann man alles Obst in Dosen oder Tüten einfrieren. Ein Löffel Zucker dazu verlängert die Haltbarkeit. Pflaumen und Kirschen vorher entsteinen. Erdbeeren kann man auch in Scheiben scheiden.
- → Nicht zu lange mit der Bohnenernte warten, denn diese werden sehr schnell faserig. Vor dem Einfrieren putzen und blanchieren: In kochendes Salzwasser legen und herausnehmen, wenn das Wasser wieder zu kochen beginnt, dann mit kaltem Wasser abschrecken. Nach dem Abkühlen möglichst luftdicht eintüten und einfrieren.

030

Apfelmus kochen

WENN IM GARTEN ein Überfluss an Äpfeln herrscht, kann man einen Teil davon zu Apfelmus kochen und einfrieren. Ein Teller Joghurt oder Hafergrütze mit Apfelmus ist im Winter etwas Herrliches.

Wenn man Saft, Mus oder Konfitüre einfrieren will, braucht man wesentlich weniger Zucker und eigentlich kein Konservierungsmittel. Darum friere ich mein Apfelmus gerne ein. Es hält sich nach dem Auftauen ausgezeichnet im Kühlschrank.

GROSSMUTTERS FEINES APFELMUS

3 kg säuerliche Äpfel
500 ml Wasser
500 ml Zucker
3 Messerspitzen Ascorbinsäure

1. Die Äpfel waschen, schälen und in Schnitze zerteilen.
2. Mit dem Wasser in einem großen Topf aufkochen, Deckel auflegen und garziehen lassen. Vorsicht, dass nichts am Boden anbrennt.
3. Nach dem Garen das Mus durch ein Sieb oder einen entsprechenden Aufsatz auf der Küchenmaschine passieren. Dann mit dem Zucker in einen sauberen Topf geben, aufkochen lassen und mindestens 10 Minuten bei schwacher Hitze ziehen lassen. Gelegentlich umrühren, damit nichts anbrennt.
4. Eine kleine Schale Mus abfüllen und die Zitronensäure darin auflösen. Die Mischung in den Topf zurückgeben und alles gut verrühren.
5. Abkühlen lassen und in saubere Behältnisse füllen, jedoch nicht ganz bis zum Rand, da sich das Volumen durch das enthaltene Wasser beim Einfrieren noch etwas vergrößert.

031
Saft kochen

WIE ZU GROSSMUTTERS ZEITEN

SELBSTGEMACHTER FRUCHTSAFT ist gesund, gut für die Zähne und vor allem eine befriedigende Angelegenheit. Er ist garantiert aus ökologischem Anbau, da er ja aus dem eigenen Garten stammt, und enthält nur einen Bruchteil des Zuckers von gekauften Säften. Friert man ihn ein, braucht man nicht einmal Konservierungsmittel.

Spülen Sie dafür Plastikflaschen sauber aus und füllen Sie den Saft darin ab. Bei Glasflaschen besteht die Gefahr, dass sie beim Einfrieren platzen.

GEFRIERTRUHEN LOHNEN SICH. Ich habe zwei Tiefkühltruhen im Keller, die immer bis zum Rand mit Saft, Konfitüre, frischen Beeren, großen Mengen von Fleisch sowie Kohlrüben, Kräutern, Spargel und selbstgebackenem Brot gefüllt sind.

ERDBEERSAFT

Ergibt etwa 4 Liter Saft
3 kg frische Erdbeeren
1 l Wasser
etwa 2 kg Zucker (zum Einfrieren reicht die Hälfte)
1 Päckchen Einmachhilfe

→ Die Erdbeeren waschen und putzen. Währenddessen das Wasser zu Kochen bringen.
→ Die Erdbeeren dazugeben, den Deckel auflegen und mindestens 10 Minuten kochen. Dabei gelegentlich umrühren und die Beeren mit dem Kartoffelstampfer leicht zerdrücken, damit der Geschmack freigesetzt wird.
→ Den Erdbeersaft durch ein Moltontuch in ein Gefäß abtropfen lassen, den letzten Saft mit den Händen auspressen.
→ Saft abmessen. Pro Liter Saft 750 bis 1000 g Zucker hinzugeben und das Ganze bei starker Hitze einmal aufkochen. Abschäumen. Die Einmachhilfe in den nicht mehr kochenden Saft einrühren.
→ Den heißen Saft in Flaschen füllen und nach dem Abkühlen verschließen.

HOLUNDERBLÜTENSIRUP

Ergibt etwa 2,5 Liter Sirup
40 Holunderblütendolden
3 unbehandelte Zitronen
2 l Wasser
1 kg Zucker
50 g Zitronensäure

→ Die Blütendolden gut abschütteln und in ein großes Metallgefäß geben.
→ Die Zitronen waschen, in dünne Scheiben schneiden und auf die Blüten legen.
→ Das Wasser aufkochen, den Zucker zugeben und umrühren, bis er sich aufgelöst hat, dann die Zitronensäure hinzugeben. Blüten und Zitronen mit dem Zuckerwasser übergießen. Einen Deckel auflegen oder das Gefäß mit Klarsichtfolie abdecken. Mindestens für drei Tage, gern eine Woche, in den Kühlschrank stellen und jeden Tag umrühren.
→ Nach Belieben eine Zimtstange oder ein wenig geriebenen Ingwer dazugeben.
→ Den Saft abseihen, noch einmal kurz aufkochen. Dann auf saubere Plastikflaschen ziehen und abkühlen lassen, gegebenenfalls einfrieren.

TIPP

Wenn Sie nicht selbst mosten, bringen Sie die Äpfel zu einer Mosterei in Ihrer Gegend. Dort bekommen Sie den Saft als Bag-In-A-Box oder in Flaschen abgefüllt. Am besten ist eine Mosterei, bei der Sie sichergehen können, dass Ihr Most auch aus Ihrer eigenen Ernte besteht und nicht aus einer Mischung aller angelieferten Äpfel.

032
Selbstgemachter Apfelmost

BEREITS KLEINE APFELBÄUME können zwischen 20 und 60 Kilogramm Äpfel liefern, große Bäume mehrere hundert Kilo. So viele Äpfel kann man weder lagern noch zu Mus verarbeiten. Doch es lohnt sich, den Rest zu Apfelmost zu verarbeiten. 100 Kilogramm Äpfel liefern je nach Sorte, Wassergehalt und Erntezeit rund 50 Liter trinkfertigen Saft. Selbst wenn man nur die leicht angeschlagenen Äpfel zur Mosterei bringt, erhält man meist mehr Most, als man selber verbrauchen kann. Verschenken Sie den Überschuss an Freunde und Verwandte oder verkaufen Sie ihn weiter.

Frisch gepresster Most fängt sehr schnell an zu gären und ist dann nicht mehr trinkbar. Natürlich könnte man ihn einfrieren, aber wer hat schon derart riesige Gefriertruhen? Daher sollte man den Most pasteurisieren lassen und auf saubere Glasflaschen oder Kanister ziehen. Dann bleibt er mindestens ein Jahr lang und nicht selten noch bedeutend länger trinkbar.

Gekaufter Apfelsaft ist meist klar, aber wenn Sie selbst mosten, haben Sie natürlich die Wahl zwischen klar (gefiltert) und naturtrüb (ungefiltert). Die Farbe variiert je nach Apfelsorte und Qualität. Ingrid Marie zum Beispiel liefert einen leicht rötlichen Most. Fallobst macht den Saft manchmal ebenfalls etwas dunkler. Man kann natürlich je nach Geschmack verschiedene Sorten kombinieren. Dafür die Äpfel einfach nach der Ernte kühl lagern, bis Sie genügend Exemplare der gewünschten Sorten zusammen haben.

Selbst mosten macht doch einen ziemlichen Dreck – planen Sie daher lieber einen ganzen Tag für größere Mengen ein als immer wieder kleinere Mengen zu pressen.

SELBST MOSTEN — SO WIRD'S GEMACHT

→ Die Äpfel im Wasserbad von Gras, Sand und Erde säubern und darauf achten, dass sie keine Faulstellen haben.

→ Wenn Sie große Mengen von Äpfeln mosten wollen, lohnt es sich, diese zunächst mit einer Obstpresse (oder in einem Fleischwolf!) zu zerdrücken, das erleichtert das Auspressen des Safts.

→ Dann kommen die Äpfel beziehungsweise die Fruchtmasse in die Apfelpresse, um den Saft herauszupressen.

→ Den Apfelmost auf 78/79 °C erhitzen – das tötet die Bakterien ab und verlängert so die Haltbarkeit.

→ Glasflaschen 30 Minuten im 100 °C heißen Backofen sterilisieren, Plastikkanister mit kochendem Wasser ausspülen. (Das geht bei Plastikflaschen allerdings nicht, denn die schrumpfen!)

→ Die Flaschen oder Kanister kühl und dunkel lagern – gern im Erdkeller!

033
Erfrischendes Birkensaftgetränk

WENN IM FRÜHJAHR der Schnee schmilzt und sich in der Natur die ersten Knospen öffnen, steigt auch der Saft wieder in den Birken. Birkensaft, oder auch Birkenwasser, ist seit jeher in vielen Teilen der Welt als leckeres und gesundes Getränk beliebt, das man pur trinken oder zu einer Art Wein fermentieren kann.

Nach einem harten, entbehrungsreichen Winter begab man sich in Schweden schon immer in die Birkenwälder, um den Saft aus Stamm und Wurzeln zu gewinnen und damit Vitamine und Mineralstoffe, vor allem Vitamin C und Kalium, zu tanken.

Um Birkensaft zu gewinnen, brauchen Sie nur einen Bohrer, ein Stück Schlauch und einen Auffangbehälter. Dieser darf nicht zu klein sein, denn aus großen Birken kann man zwischen 8 und 10 Litern Saft pro Tag gewinnen. Kanister sind besser als Eimer, denn in sie können nicht so schnell Insekten eindringen.

Wie groß der Bohrer ist, richtet sich nach dem Durchmesser des Schlauchs, den Sie verwenden. Bohren Sie zuerst ein Loch in den Stamm, jedoch nicht tiefer als 5 Zentimeter; 1 bis 3 Zentimeter sind meist völlig ausreichend. Dann wird der Schlauch in das Bohrloch gesteckt. Das andere Ende mündet in den Auffangbehälter, der mit Draht oder mit einem Spannriemen an der Birke befestigt wird.

Über Nacht wird der Saft darin gesammelt. Nach ein paar Tagen sollten Sie das Loch allerdings wieder verschließen, damit der Baum genug Energie für sich selbst sammeln kann. Dafür ein Rundholz mit dem Durchmesser des Bohrlochs in das Loch schlagen, soweit es hineingeht. Danach bündig mit dem Stamm absägen, das schützt die Wunde gegen Schädlingsbefall.

Der Saft ist leicht süßlich und hat ein feines Birkenaroma. Man kann ihn entweder direkt trinken, als Geschmackszusatz zum Backen verwenden oder daraus auch eine Art Wein herstellen. Birkenwasser enthält Glukose, Fruchtsäuren (z. B. Apfelsäure), Aminosäuren, Vitamin C, Kalium, Phosphor, Magnesium, Mangan, Zink, Natrium und Eisen – wenn das nicht gesund ist!

Der Saft hält sich allerdings im Kühlschrank nur wenige Tage lang frisch, aber man kann ihn natürlich auch problemlos einfrieren.

BIRKENWEIN

1. 5 Liter Birkensaft auf 37 °C erwärmen.
2. 1/2 Prise Trockenhefe und 75 g Zucker darin auflösen. Man kann auch Honig nehmen, aber denken Sie daran, dass dieser doppelt so süß ist wie Zucker – knapp 50 ml Honig ist also reichlich.
3. Das Gefäß mit einem Handtuch bedecken und bei Zimmertemperatur etwa einen Tag lang stehen lassen, bis der Saft zu gären beginnt.
4. Die Flüssigkeit auf Flaschen ziehen und gut verschließen. Noch 12 Stunden bei Zimmertemperatur weitergären lassen und dann in den Kühlschrank stellen. Dort hält sich das Getränk mehrere Wochen.
5. Dieses Getränk enthält so gut wie keinen Alkohol. Soll es stärker sein, gibt man mehr Hefe dazu oder lässt es 3 bis 5 Tage lang gären.

034
Selbstgebrautes Bier

BIER SELBST ZU brauen ist eigentlich gar nicht besonders schwer – allerdings muss man dabei strikt auf die richtige Reihenfolge der Arbeitsschritte und auf die richtige Temperatur achten. Verwenden Sie am besten Edelstahltöpfe auf einem Gasbrenner in einem nicht zu kalten Raum mit Wasseranschluss und Ablauf. Ein eigenes Brauhaus ist natürlich optimal, aber eine Garage oder eine Waschküche funktionieren ebenso gut. Beim Brauen kann es sehr heiß werden, und man kann sich leicht die Finger verbrennen – achten Sie deshalb darauf, dass Tiere und Kinder keinen Zugang zur Braustätte haben. Rezepte oder Zutatenpakete mit Rezept kann man online bestellen.

1. Die vorgegebene Menge Wasser gemäß Rezept (im Internet z. B. unter www.brauanleitung.de) erwärmen und die selbst gemahlene Braugerste dazugeben. Da die Wassertemperatur beim Zugeben der Gerste absinkt, muss sie wieder auf die vorherige Temperatur erhitzt werden. Anstelle einer Infusionsmaische, bei der durchweg dieselbe Temperatur gehalten wird (in meinem Rezept beträgt diese 75,6 °C.), kann man auch eine Kochmaische durchführen. In diesem Fall wird die Temperatur in Schritten (Rastpunkte) erhöht. Ich beginne bei 54 °C (Eiweißrast) und erhöhe dann schrittweise auf 66,7 °C und 75,6 °C (Verzuckerungsrasten).
2. Nun wird der Malztreber von der Würze, dem flüssigen, vergärbaren Teil der Maische, getrennt. Das geht am besten, indem die Würze durch ein Sieb in einen sauberen Behälter gegossen wird. Dann noch die richtige Menge Wasser in der richtigen Temperatur zusetzen, damit die vom Rezept verlangte Menge Würze erreicht wird. Den Malztreber kann man entweder an die Hühner verfüttern oder ein leckeres Brot damit backen. Ein Rezept dafür finden Sie auf der nächsten Seite.
3. Nun wird der Hopfen zugegeben und der Sud mehrmals aufgekocht.
4. Den Hopfen abseihen und die Würze in den Gärbehälter füllen.
5. Die Würze kühlen; je schneller, desto besser. Setzen Sie den Gärbehälter in ein Fass mit eiskaltem Wasser oder winden Sie Kühlschlangen um das Gefäß und kühlen mit fließendem kaltem Wasser.
6. Wenn die Würze die rechte Temperatur hat, die Hefe nach Rezept zugeben. Gut schütteln, um die Hefe zu aktivieren.
7. Den Gärbehälter über Nacht bei Zimmertemperatur stehen lassen, damit die Gärung langsam in Gang kommt. Dann den Raum auf die richtige Temperatur für die optimale Gärung bringen.
8. Nach 1 bis 4 Wochen, je nach Hefetyp und Temperatur, hat die Blasenbildung im Gärbehälter aufgehört. Jetzt ist das Bier fertig.
9. Das Bier auf Flaschen ziehen und mit Kronkorken verschließen. Nicht vergessen, Zucker zuzusetzen, damit die Nachgärung einsetzen kann.
10. Das Bier vor dem Trinken 2 bis 4 Wochen im Kühlschrank lagern. Je länger es stehen kann, desto besser wird es – zumindest für einige Monate.

035
Malztreberbrot

AUS DEM MALZTREBER, der vom Bierbrauen übriggeblieben ist, kann man ein sehr leckeres, herzhaftes Brot backen. Eigentlich kann man so ziemlich jedem Brotrezept Malztreber zugeben. Ich persönlich nehme gern ein klassisches Sauerteigrezept mit Roggenmehl, ersetze dabei den Sauerteig einfach durch Malztreber und nehme etwas weniger Roggenmehl als angegeben.

HERZHAFTE MALZBRÖTCHEN

Ergibt 4 bis 6 kleine Brote
1,3 l handwarmes Wasser (37 °C)
150 ml Sauerteig oder 2 bis 3 Hände voll Malztreber, frisch oder tiefgefroren
25 g zimmerwarme Butter
25 g Hefe
1 ½ EL Salz
1 EL Sirup (nach Geschmack)
1 EL Kümmel, zerstoßen
700 g grobes Roggenmehl (für helleres Brot den Roggenmehlanteil vermindern)
1100 g Weizenmehl (für helleres Brot den Weizenmehlanteil erhöhen)

1. Das Wasser in eine Schüssel geben und alle übrigen Zutaten bis auf 50 g Mehl dazugeben.
2. Den Teig kräftig durchkneten, am besten in der Küchenmaschine, bis der Teig geschmeidig und luftig ist. Nach Bedarf mehr Mehl zugeben, aber Vorsicht, dass der Teig nicht zu trocken wird.
3. Den Teig zugedeckt eine Stunde gehen lassen.
4. Den Teig nochmals auf der Arbeitsfläche durchkneten und in 4 bis 5 Brötchen aufteilen. Die Brötchen auf ein gefettetes Backblech legen. Mit Wasser einpinseln und nach Geschmack mit grobem Roggenmehl bestreuen.
5. Nochmals zugedeckt 40 Minuten gehen lassen.
6. Bei 200 °C auf der untersten Ofenschiene etwa 45 Minuten backen.

OBST UND GEMÜSE

TIPP

Malztreber direkt verbrauchen oder portionsweise abpacken und einfrieren (ein paar Handvoll pro Portion).

Wenn Sie den Trester nicht selbst essen wollen, freuen sich auch die Hühner darüber.

ANDERE GESCHMACKSRICHTUNGEN

Statt mit Malztreber kann man dieses Roggenbrot-Sauerteig-Rezept auch mit getrockneten Tomaten, Rosinen, Weißdorn, geriebenen Mohrrüben oder Roter Bete abwandeln.

036
Pflanzen aus Stecklingen ziehen

DAS WINTERHALBJAHR IST eine gute Zeit, um Stecklinge von Bäumen und Sträuchern zu nehmen, die dann im Sommer ausgepflanzt werden können. Gut dafür geeignet sind Silber-Weide und Sal-Weide, Feige, Wein, Gartenjasmin (Pfeifenstrauch), Schmetterlingsstrauch und Pappel.

SO WIRD'S GEMACHT: 15 bis 30 Zentimeter lange, mindestens bleistiftdicke Zweige zurechtschneiden und direkt in kleinere Gefäße mit Sand, magerer Erde oder Anzuchtsubstrat stecken.

Wenn die Stecklinge noch vor der Schneeschmelze geschnitten wurden, kann man sie unter einer schützenden Schneeschicht lagern oder alternativ in einen Eimer mit Wasser stellen und kühl, aber frostfrei lagern, bis es Zeit zum Auspflanzen ist.

Denken Sie daran, die Stecklinge in derselben Richtung zu pflanzen, in der sie gewachsen sind. Sie schlagen zwar auch Wurzeln, wenn man sie umgekehrt in den Boden steckt, aber es wird länger dauern. Den Steckling so tief pflanzen, dass oben noch 3 bis 4 Knospen zu sehen sind.

Wurzeln benötigen Sauerstoff, um sich zu entwickeln, und fühlen sich daher in sandigem, nährstoffarmem Boden am wohlsten. Manche schwören auf reinen Sand, während andere eine Mischung aus 1/3 Kies und 2/3 Torf vorziehen.

Die Stecklinge regelmäßig gießen und darauf achten, dass sie nicht austrocknen. Sie entwickeln sich am besten an einem kühlen, hellen Standort, sollten jedoch niemals direkter Sonne ausgesetzt sein. Erst im Frühsommer – manchmal auch schon in den letzten Frühlingswochen – zeigt sich, ob die Stecklinge noch am Leben sind, denn dann entwickeln sich die ersten Blättchen. Ein paar Wochen später kann man vorsichtig prüfen, ob sie auch Wurzeln geschlagen haben. Sitzt der Steckling fest im Boden, haben sich die Wurzeln gut entwickelt.

Im Spätsommer kann man die jungen Pflanzen dann ins Freiland auspflanzen.

Ein Minigewächshaus basteln

Wenn Sie kein Gewächshaus haben, stellen Sie die Stecklinge an ein helles Westfenster (kein Südfenster, denn dort wird es bei Sonnenschein viel zu warm). Sie können auch jedem Steckling ein eigenes Mini-Treibhaus basteln und eine transparente Plastiktüte über das Pflanzgefäß ziehen (vorher ein paar Luftlöcher in die Tüte stechen). Zum Stabilisieren der Tüte Blumenstäbe oder Bambusspieße in die Erde stecken. Oder Sie verwenden ein Anzuchtsets mit Deckel.

Erde ist besser als Wasser

Manche Pflanzen, zum Beispiel Weiden, entwickeln auch schon im Wasser Wurzeln, aber das sind nur sogenannte Wasserwurzeln, die nach dem Einpflanzen durch neue Wurzeln ersetzt werden müssen.

037
Pflanzensamen sammeln

Samen selbst sammeln ist einfach und billig, und auf diese Weise können Sie sich mit Sorten, die Ihnen ganz besonders gut gefallen, selbst versorgen. Es wird oft behauptet, dass sich Pflanzensamen höchstens ein Jahr lang halten und danach weggeworfen werden müssen, aber das stimmt so nicht ganz. Eigentlich gibt es nur zwei Arten, auf die das zutrifft, nämlich Pastinaken und Chinesischer Schnittlauch. Sonst halten sich eigentlich alle anderen Sorten mehrere Jahre lang.

In der biologischen Landwirtschaft herrscht inzwischen ein steigendes Interesse daran, die widerstandsfähigeren Obst- und Gemüsesorten von früher wieder aufleben zu lassen, und das sowohl aus Umwelt- als auch aus Geschmacksgründen.

So wird's gemacht

→ Die besten Pflanzen auswählen und in der Saison ganz besonders gut hegen und pflegen, damit sie die besten Voraussetzungen haben, gute Samen auszubilden.
→ Gelegentlich mit »Goldwasser« (Urin + Wasser) oder Nesselwasser gießen.
→ Um Fremdbestäubung und damit unerwünschte Kreuzungen auszuschließen, sollte man unterschiedliche Sorten nicht zu dicht beieinander pflanzen. Und da Samen ohnehin länger halten als behauptet, beschränkt man sich am besten auf eine Sorte pro Jahr.
→ Die üppigsten Pflanzen aussuchen. Salatpflanzen beispielsweise, die erst spät Blüten und Samen bilden, sollen ja vorher so viel Ertrag wie möglich geben.
→ Je weiter nördlich man wohnt, desto früher sollen die gewünschten Sorten blühen und Früchte tragen. Hier empfiehlt sich Vorkultur.
→ Die Samen so lange an der Pflanze lassen, bis sie sich beinahe von selbst lösen. Nur an trockenen Tagen einsammeln, nie bei Regen!
→ Die Samen vor dem Lagern ein paar Wochen auf Zeitungspapier oder auf einem feinmaschigen Netz trocknen lassen. Bei langanhaltendem Regenwetter oder Frostgefahr kann man die ganze Pflanze mitsamt der Wurzel aus dem Boden ziehen und sie dann drinnen nachreifen und trocknen lassen.
→ Trockene Pflanzenreste sorgfältig entfernen und die Samen sieben oder »worfeln«, indem man sie immer wieder von einem Behälter in einen anderen schüttet. Dabei werden die leichteren Pflanzenteile durch den Luftzug von den schwereren Samen getrennt.
→ Die Samen in Papiertüten lagern. Nicht vergessen, Sorte und Datum darauf zu notieren. Plastiktüten sind zum Lagern ungeeignet, da eventuell in den Samen verbliebene Feuchtigkeit zu Schimmelbildung führen kann. Möglichst bei Temperaturen zwischen 5 und 10 °C aufbewahren.

Tomatensamen gewinnen

→ Die Tomaten richtig reif werden lassen und die besten Exemplare aussuchen.
→ Die Tomaten enthäuten und in Stücke schneiden. Das Fruchtfleisch in eine Schüssel geben, mit Wasser übergießen und zugedeckt bei Zimmertemperatur stehen lassen. Gelegentlich umrühren.
→ Nach etwa einer Woche haben sich die Samen aus der gallertartigen Umhüllung gelöst und sind auf den Boden der Schüssel gesunken.
→ Nun das Wasser mehrmals wechseln, bis das gesamte Fruchtfleisch weggeschwemmt ist und nur noch die Samen zurückgeblieben sind.
→ Die Samen an einem vor Luftzug geschützten Ort auf Küchenpapier trocknen lassen.

Sind die Samen zu alt?

Wenn Sie nicht sicher sind, ob die Samen noch keimfähig sind, streuen Sie 40 bis 100 Stück davon auf angefeuchtetes Küchenpapier – je mehr, desto besser. Das feuchte Papier zusammenrollen, in eine Plastiktüte stecken und bei Zimmertemperatur lagern. Wenn 90 von 100 Samen ausgekeimt haben, ist die Saat zu 90 Prozent keimfähig und daher voll verwendungsfähig. Pflanzen Sie die ausgekeimten Samen jedoch sofort in Anzuchtkästen, denn sie verdorren sehr schnell.

Alternativ kann man die Samen in ein Glas mit Wasser streuen. Die Samen, die zu Boden sinken, sind noch lebensfähig.

038

Vorkeimen für eine zeitigere Ernte

DURCH VORKEIMEN GEBEN Sie den Pflanzen einen optimalen Start ins Leben. Eigentlich kann man alle Pflanzen vorkeimen, egal, ob sie später im Freiland oder im Pflanztopf wachsen sollen. Auf diese Weise spart man sich beispielsweise das mühsame Verziehen der Sämlinge, denn die vorkultivierten Pflänzchen können später von Anfang an im richtigen Abstand zueinander ausgepflanzt werden. Ausgepflanzt wird immer in unkrautfreie Beete.

Die Aussaat erfolgt jedoch zunächst in speziellen Anzucht-Sets oder in leeren Tetrapacks (eine Ecke abschneiden, damit das Gießwasser sich nicht darin staut). Alternativ nimmt man alte Blumentöpfe und spannt Klarsichtfolie darüber.

Man kann entweder Anzuchtsubstrat oder gewöhnliche, mit etwas Sand vermischte Pflanzenerde verwenden. Es ist nur wichtig, dass das Substrat nicht allzu nährstoffreich ist, damit die Jungpflanzen nicht zu schnell wachsen. Füllen Sie die Gefäße beispielsweise zur Hälfte mit normaler Pflanzenerde und geben dann eine Schicht Anzuchtsubstrat darüber. Je nach Art und Sorte braucht die Saat eine Temperatur zwischen 8 und 18 °C, um zu keimen.

Sobald die Saat ausgekeimt ist, kommen die Behältnisse in eine kühlere Umgebung, damit die Pflanzen nicht zu rasch wachsen.

Die jungen Pflänzchen regelmäßig, doch in Maßen gießen. Ein Deckel oder eine Schicht Klarsichtfolie sorgt für eine gleichbleibende Luftfeuchtigkeit. Stechen Sie ein paar Luftlöcher in die Folie oder legen ein kleines Hölzchen unter den Deckel, damit sich kein Schimmel bildet.

Sowie die Wurzeln das ganze Substrat durchziehen, werden die Pflänzchen in einen etwas größeren Behälter umgepflanzt.

Vor dem Auspflanzen ins Freiland müssen die Sämlinge abgehärtet werden. Dafür werden die Pflanztöpfe anfangs ein paar Stunden an eine schattige Stelle ins Freie gestellt. Diese Periode wird nach und nach um ein paar Stunden verlängert, bis man die Pflanzen schließlich den ganzen Tag draußen stehen lassen kann. Nach etwa einer Woche kann man sie dann auch in die direkte Sonne stellen.

Ausgepflanzt wird an einem bewölkten Tag, damit der Boden nicht zu schnell austrocknet. Man kann den Boden zuvor mit etwas Grasschnitt bedecken. Nun zuerst eine Saatfurche in den Boden ziehen und diese gut wässern, dann die Pflanzen hineinsetzen. Vorsicht, dass die Wurzelballen dabei nicht auseinanderfallen. Nun den Grasschnitt vorsichtig über den Pflanzen schließen. Regelmäßig gießen und die Saat für eine frühzeitigere Ernte mit Gartenvlies abdecken.

Ein Frühbeet erlaubt Ihnen, die Jungpflanzen bereits lange vor dem normalen Zeitpunkt nach draußen zu pflanzen. Siehe dazu auch *Frühbeete* auf Seite 102.

039
Kartoffeln im Pflanztopf vorkeimen

BESONDERS BEI FRÜHKARTOFFELN lohnt sich das Vorkeimen. Bei allen Kartoffelsorten jedoch sollen die Keime so kurz wie möglich sein – vom Frühjahr an dürfen Saatkartoffeln nicht allzu dunkel gelagert werden, da die neuen Triebe auf der verzweifelten Suche nach dem Licht sonst schnell vergeilen und dann leicht abbrechen.

Die Kartoffeln auf Eierpappen legen und an einen kühlen, frostfreien Ort (möglichst in westlicher Lage) stellen. Noch besser ist es, sie bis zur Hälfte in mit Substrat gefüllte Pflanztöpfe zu setzen, das verkürzt die Reifezeit um mehrere Wochen. Wenn es an der Zeit ist, bilden sich die Triebe; dafür sollte es nicht kälter als 3°C sein, aber auch nicht zu warm. Am besten keimen Kartoffeln bei Temperaturen um 10 °C.

Beginnen Sie mit dem Vorkeimen rund 4 bis 6 Wochen vor dem für das Freiland vorgesehenen Pflanzdatum. Um im Hochsommer Kartoffeln zu ernten, müssen Sie also Anfang April mit ihren Vorbereitungen beginnen. Das Ziel des Vorkeimens ist, dass sich rund um die Kartoffel kurze, kompakte und grüne Augen bilden.

Ich selbst keime alle Kartoffeln in Pflanztöpfen vor. Dabei lege ich sie entweder oben auf das Substrat oder drücke sie bis zur Hälfte hinein. Man kann sie auch in Torf setzen. Nach ungefähr vier Wochen hat sich an den Knollen ein kräftiges Wurzelsystem mit kurzem, buschigem Kraut gebildet, und sie können in den Garten ausgepflanzt werden.

Durch das Vorkeimen werden Kartoffeln zudem resistenter gegen Blattschimmel. Außerdem reifen sie so früh, dass man mit Glück einen Großteil schon vor dem bei viel Niederschlag eventuell auftretenden Blattschimmel ernten kann. Die Schimmelsporen verbreiten sich schnell durch welkes Kraut und können so zu Kraut- und Knollenfäule an den verbleibenden Pflanzen führen.

Ich empfehle, auf klassische Winterkartoffeln zu verzichten und dafür frühere Sorten zu pflanzen, denn auch diese kann man bis lange in den Winter hinein lagern. Setzen Sie auf Sorten, die wenig anfällig gegen Knollenfäule sind, damit nicht die ganze Ernte verdirbt.

WIDERSTANDSFÄHIGE KARTOFFELSORTEN: Agata, Amalia, Amandine Rosara, Christa, Karat, Hela, Gloria, Astoria, Sieglinde, Augusta, Princess, Ukama (früh) sowie Nicola, Saskia, Bintje, Hansa Quarta, Cilena, Agria und Afra (mittelfrüh).

KARTOFFELN GEHÖREN NICHT INS GEWÄCHSHAUS. Natürlich ist es verlockend, die Kartoffeln gleich neben die Tomaten zu pflanzen. Doch die Blattschimmelsporen auf den Kartoffeln greifen schnell auch auf die Tomaten über. Fleischtomaten sind besonders gefährdet, doch andere Sorten sind dagegen auch nicht gefeit.

TIPP
Wenn die Kartoffeln von Blattschimmel befallen sind, muss das Kraut so schnell wie möglich abgeschnitten und weggebracht werden. Damit hört auch das Wachstum der Pflanzen auf, sodass die Knollen dann auch früher geerntet werden können.

040
Tomaten aus dem Eimer

GEMÜSE IN PFLANZGEFÄSSEN oder Plastikeimern zu ziehen ist eine gute Idee, weil diese gute Isolatoren sind und daher für eine zeitigere Ernte sorgen. Außerdem verhindern sie, dass sich Unkraut ausbreiten kann. Der einzige Nachteil ist, dass das Substrat darin vor allem im Hochsommer rasch austrocknet.

Passionierte Tomatengärtner bevorzugen schwarze Plastikgefäße, die die Wärme besser speichern. Draußen brauchen die Pflanzen eine geschützte Südlage, aber noch besser ist ein Gewächshaus, weil sich darin das perfekte Mikroklima schaffen lässt. Außerdem kann man dort ein automatisches Bewässerungssystem installieren, das das lästige Gießen erspart.

Ich persönlich finde, dass sich diese Methode am besten für Gewächshäuser eignet, in denen direkt in den Boden gepflanzt wird – vor allem, wenn man teure Muttererde nicht frisch kaufen will, sondern lieber wartet, bis sich von selbst gutes Substrat gebildet hat. Natürlich kann man auch eine Ladung Mutterboden kaufen oder den vorhandenen Boden zunächst selbst mit einer Mischung von Kompost, Pflanzenerde und Torf aufbereiten. Oder man geht vor wie folgt:

→ Hochbeetrahmen direkt auf das Gras setzen. Man kann dafür Latten verwenden (ca. 22 x 175 Millimeter), aber am besten sind Bretter mit den Maßen 45 x 200 Millimeter.
→ Den Boden des Gewächshauses vor dem Aufstellen der Rahmen komplett mit Gartenvlies bedecken. Innerhalb der Rahmen einen langen Schnitt machen und das Vlies dann zu den Innenkanten hin rollen, sodass das Gras wieder freigelegt wird.
→ Das so freigelegte Gras mit einer dicken Lage Zeitungspapier bedecken. Auch das Papier an den Seiten bis unter den Rahmen schieben.
→ Den Boden der Plastikeimer abschneiden und diese direkt auf die Papierschicht stellen. Dann mit dem Material stabilisieren, das zur Hand ist: Grasschnitt (jedoch nicht zu dick, damit sich kein Schimmel bildet), Stroh, Heu, Silage, Stallmist oder alte, nicht zu feuchte Erde. Nehmen Sie, was Sie haben, und geben Sie danach noch Pflanzenabfälle dazu, die dann im Laufe der Zeit an Ort und Stelle kompostieren.
→ Die Tomaten in die Eimer in normale Pflanzerde pflanzen, der ein wenig Warmkompost beigegeben wurde. Die Wurzeln der Pflanzen bahnen sich dann einen Weg durch das Zeitungspapier in die darunterliegende Erde. Das ist vielleicht nicht die eleganteste, aber definitiv eine einfache und preiswerte Methode, eine reiche Tomatenausbeute zu erzielen.
→ Im Herbst, nach der Ernte, hat sich das Material rund um die Einer zu einem optimalen Substrat für Winterpflanzungen zersetzt.
→ Kräuter kann man ebenfalls in Pflanztöpfen oder Eimern ziehen. Den Boden der Eimer abschneiden und diese wie Mini-Spundwände direkt in den Boden setzen. Das empfiehlt sich zum Beispiel bei Koriander, Minze, Basilikum, Oregano und Zitronenmelisse, denn so wird vermieden, dass sich deren Ausläufer im Beet ungehindert ausbreiten.

Düngen: Geben Sie Brennnesselwasser oder flüssigen Dünger in das Gießwasser. Vor der Erntesaison kann man auch mit Goldwasser (Urin + Wasser) düngen; jedoch nicht zu konzentriert, denn das könnte den Boden verätzen. Niemals mehr als 1 Teil Urin auf 9 Teile Wasser verwenden. Topfpflanzen während der Erntesaison nicht mit Goldwasser düngen. Es ist jedoch ein ausgezeichneter Dünger für das Kohlbeet. Auch hier niemals direkt auf die Pflanzen geben, sondern zwischen die Pflanzreihen gießen.

PFLANZEN SELBST KULTIVIEREN

TIPP

Legen Sie einen Strauß Brennnesseln in den Eimer, bevor Sie das Substrat hineinfüllen. Diese versorgen die Tomatenwurzeln beim Zersetzen mit Nährstoffen, vor allem Stickstoff.

041
Dünger auch ohne Hoftiere

WENN SIE SELBST Dünger ansetzen, müssen Sie diesen vor der Verwendung immer mit Wasser verdünnen. Der Dünger kann unangenehm riechen; nehmen Sie deshalb dafür ein verschließbares Gefäß, am besten mit einem Hahn. Im Prinzip kann man jeden Dünger für jede Pflanze verwenden. Goldwasser jedoch sollte man nicht direkt auf Pflanzen geben, die man später essen will.

NESSELWASSER Ein Klassiker, von dem man gar nicht genug ansetzen kann. Ein Gefäß zur Hälfte mit Brennnesseln füllen und bis zum Rand mit Wasser aufgießen. Zwei Wochen stehen lassen und dann im Verhältnis 1 Teil Nesselwasser auf 9 Teile Wasser mischen. Wenn das Gefäß leer ist, die Pflanzenreste auf den Kompost oder, noch besser, direkt auf die Beete geben.

Setzen Sie am besten zwei Gefäße mit Brennnesseln an – wenn eines leer ist, kann man darin gleich neues Nesselwasser ansetzen.

GOLDWASSER Menschlicher Urin ist voller Nährstoffe, die im Garten geradezu Wunder wirken. Immer im Verhältnis 1 Teil Urin auf 9 Teile Wasser verwenden – und nur in der Wachstumsphase, niemals während der Erntezeit. Zwischen die Pflanzreihen gießen, dann verteilt sich der Dünger besser auf die Wurzeln. Natürlich sollte man den eigenen Urin nicht verwenden, wenn man regelmäßig Medikamente nimmt.

BEINWELLWASSER Beinwell (*Symphytum officinale*) eignet sich zur Herstellung von Dünger ebenso gut wie Brennnesseln, ist aber etwas weniger häufig anzutreffen. Die Blätter in ein Gefäß mit Wasser legen. Gelegentlich mit frischen Blättern auffüllen, vor allem, wenn die alten Blätter auf den Boden gesunken sind. Rechnen Sie ein Kilogramm Blätter auf 15 Liter Wasser. Die Mischung 4 bis 6 Wochen stehen lassen und unbedingt luftdicht verschließen, denn sie stinkt ganz widerwärtig. Die dicke Flüssigkeit entweder pur verwenden oder im Verhältnis 1:1 mit Wasser verdünnen.

042
Seetang als Gartendünger

WOHNEN SIE IN Meeresnähe, können Sie sich im Frühjahr, wenn sich die Küste mit angeschwemmtem Seetang füllt, mit Körben und Eimern bewaffnen und soviel wie möglich davon einsammeln, denn Seetang ist ein ganz ausgezeichneter Dünger.

Früher, als man noch keinen Kunstdünger kannte, fuhren die Bauern mit Pferd und Wagen an die Küste, um Meeresalgen einzusammeln. Heute liegen die Strände einsam und verlassen da, und man kann sich in aller Ruhe die besten Stücke aussuchen.

Seetang enthält viele Mineralstoffe, vor allem Natrium, das besonders von Spargel und Meerkohl (der inzwischen unter Naturschutz steht!) sehr geschätzt wird. Man kann Kartoffel- und Gemüsebeete damit düngen, und auch Zierpflanzen gedeihen gut mit ein wenig Seetang um das Wurzelwerk.

Rechnen Sie rund einen Eimer Braunalgen pro Hochbeet. Auf freiem Feld schüttet man alle 3 bis 4 Meter einen Eimer aus und verteilt den Inhalt mit dem Rechen. Man kann den Seetang auch mit Stallmist oder Hühnermist versetzen.

In letzter Zeit wurden Stimmen laut, die von der Verwendung von Seetang als Düngemittel abraten. Nach Meinung dieser Skeptiker enthält er zu viel Kadmium, ein Metall, das im Boden nicht abgebaut wird. Doch die Gesamtmenge an Kadmium, die dem Boden dadurch zugeführt wird, ist immer noch so gering, dass er auf das Gemüse keine negativen Auswirkungen haben sollte.

TIPP
Es empfiehlt sich, den salzigen Seetang vor dem Ausbringen mit Süßwasser abzuspülen. Getrocknet und grob gehackt lässt er sich leichter auf den Beeten verteilen.

Tun Sie der Umwelt etwas Gutes und sammeln Sie zugleich mit dem Seetang auch angespültes Plastik mit ein. Besonders nach den Winterstürmen sammelt sich am Strand reichlich Unrat an!

043
Ein sonniges Plätzchen
FÜR DEN KRÄUTERGARTEN

DIE RICHTIGE LAGE Ihres Kräutergartens ist ausschlaggebend für den Ernteerfolg, egal ob Sie im kleinen oder großen Stil arbeiten. Der Küchengarten sollte sich nach Möglichkeit in geschützter Südlage befinden. Das gilt auch für Obstgärten, Erdbeerpflanzen oder besonders geschätztes Gemüse. Getreide ist weniger empfindlich, profitiert aber natürlich ebenfalls von möglichst viel Sonnenwärme. Bei warmem Wetter muss man dann aber auch entsprechend mehr gießen.

Denken Sie auch daran, den Küchengarten so anzulegen, dass er für Sie schnell erreichbar ist; vielleicht in der Nähe der Küche oder der Terrassentür und nicht zu weit vom Hühnerstall entfernt, sodass frische Kräuter und Eier immer in Reichweite sind und die Hühner den Garten ungezieferfrei halten können. Wenn Sie am Waldrand wohnen, muss der Kräutergarten natürlich vor Wildverbiss geschützt werden.

Abendsonne ist insgesamt günstiger als Morgensonne, denn dadurch hält sich die Wärme nachts länger im Boden.

Ungeschützte Stellen sollten möglichst durch Zäune, Hecken und Gebüsch vor allzu viel direktem Wind geschützt werden. Alternativ pflanzt man hohes Gemüse wie zum Beispiel Mais oder Artischocken als natürlichen Windschutz an den äußeren Rand des Gartens. Hohe Pflanzen gegebenenfalls mit Stöcken und Pfählen stützen, damit sie vom Wind nicht umgeblasen werden.

In allzu sumpfigem Boden fühlt sich kaum eine Pflanze wohl!

Richten Sie hier und da kleine Rastplätze ein, damit Sie sich in Mußestunden am Anblick Ihres Kräutergartens erfreuen können.

Erhöhte, trockene Stellen erwärmen sich tagsüber sehr schnell, geben die Wärme aber in kühlen Nächten ebenso schnell wieder ab. Das ist also kein guter Platz für Pflanzen, die auf Wetterumschwünge empfindlich reagieren. Eine Lage Grasschnitt oder Stroh hält die Feuchtigkeit auch an Sonnentagen länger im Boden. Bekieste oder gepflasterte Gartenpfade speichern die Sonnenwärme und geben sie nachts wieder an die Umgebung ab. Besonders im Frühjahr kann man Hochbeete wärmer halten, wenn man sie mit isolierenden Strohballen umgibt oder alte Fenster über den Rahmen legt.

Kräutergärten, die durch dichten Baumbewuchs oder Hauswände windgeschützt sind, halten die nächtliche Bodenfeuchtigkeit bedeutend länger und sorgen für ein gleichmäßigeres Mikroklima.

Gärten von Anno Dazumal

Die Gärtner alter Herrenhäuser und größerer Anwesen wussten über den Einfluss von Sonne und Wind auf das Pflanzenwachstum Bescheid. Damals schuf man mit Hilfe von Mauern und Zäunen, die die Sonnenwärme lange speicherten, günstige Mikroklimazonen im Garten. Dicke Südmauern reflektierten das Sonnenlicht so stark, dass die Temperaturen in diesen Bereichen 10 bis 15 °C über denen des restlichen Gartens liegen konnten. Dort befanden sich Spaliere für empfindlichere Obstsorten wie Pfirsiche und Aprikosen. Mit Glück konnte man hier sogar zweimal im Jahr ernten. An gleicher Stelle befanden sich auch die Zier- und Schnittblumen. Die westlichen und östlichen Lagen waren Äpfeln, Birnen und Pflaumen vorbehalten. Kühle Nordlagen dagegen waren günstiger für Schatten liebende Pflanzen.

044
Frühbeete

EIN FRÜHBEET SORGT für ein angenehmes Mikroklima auf kleinem Raum. Durch das Glasdach kann man im Frühjahr die Saat im Auge behalten und manche Gemüse und Kräuter, beispielsweise Gurken, Tomaten, Paprika und Basilikum, bereits ernten, wenn die Freilandpflanzen noch nicht einmal in Blüte stehen.

Ein Frühbeet ist im Prinzip nicht an bestimmte Dimensionen gebunden. Die Größe richtet sich eher nach den eventuell vorhandenen Fenstern oder Abdeckungen und dem zur Verfügung stehenden Platz im Garten. Günstig sind doppelflügelige Fenster, die man unabhängig voneinander öffnen kann. So lässt sich auch die Temperatur im Beet besser regulieren.

Für den Korpus des Frühbeets nimmt man entweder einen bereits fertigen Hochbeetrahmen, oder man zimmert sich eine Maßanfertigung aus Palettenbrettern. Dünne Latten sind nicht geeignet, da sie im Boden schnell verrotten. Streicht man das Frühbeet vor Inbetriebnahme mit Leinölfarbe an, hält es noch länger. Natürlich ist es auch möglich, den Korpus aus Gasbetonsteinen oder Ziegeln mauern.

Grundsätzlich unterscheidet man zwischen Kaltbeet und Warmbeet. Ersteres wird von den Sonnenstrahlen gewärmt und ist daher ideal für Samenanzucht und Verziehen der Frühsaat. Warmbeete hingegen verfügen über ihre eigene Wärmequelle in Form von Stallmist. Dieser gibt beim Zersetzen Wärme ab und sorgt so im Frühbeet für einen Treibhauseffekt. In milden Jahren kann man in einem Frühbeet die erste Saat bereits im Februar vornehmen.

Ein Warmbeet bauen

Der Rahmen für das Beet sollte mindestens 30 Zentimeter hoch sein, damit Sie sich beim Gärtnern keine Rückenbeschwerden einhandeln. Zuerst den Boden darin spatentief (noch besser zwei Spaten tief) ausschachten und die Grube mit Stroh, Stallmist und Laub füllen. Man kann das Frühbeet rundherum zusätzlich mit Strohballen isolieren (wenn es unbedingt sein muss, sogar mit Styropor).

Frischer Pferdemist verbrennt sehr schnell und intensiv und ist in ländlichen Regionen überdies relativ einfach zu bekommen. Auch Kuh- oder Schafsmist verbrennt gut, hält aber nicht so lange vor. Hühnermist dagegen ist nicht zu empfehlen. Sparen Sie nicht, sondern füllen die Grube bis über den Rand. Wenn der Mist zu trocken ist, gut wässern und dann das Ganze mit einer Plastikplane, Fenstern oder Stroh abdecken.

Nach ein paar Wochen ist die Wärmeerzeugung richtig in Gang gekommen, und Sie können nun die zuvor ausgeschachtete Erde, mit etwas Sand vermischt, wieder in das Beet zurückschaufeln. Nun wird der Salat (oder was Sie gerne als Erstes frisch aus dem Garten genießen wollen) ausgesät, die Abdeckung darüber geschlossen und auf die Ernte gewartet. Wenn es nachts noch gelegentlich friert, kann man das Beet über Nacht zusätzlich mit Gartenvlies isolieren.

Was spricht für ein Gewächshaus?

Natürlich kann man in einem Gewächshaus deutlich mehr ernten als im Freiland. Aber Hand aufs Herz: Das Wunderbare daran ist nicht nur die üppige Ernte, sondern auch die Möglichkeit, schon früh im Jahr an einem gemütlichen und warmen Platz zu sitzen und sich mit einem Kaffee in der Hand am Wachsen und Gedeihen der Pflanzen zu erfreuen.

045
Bestäubung

REICHEN INSEKTEN DAFÜR AUS?

DIE PFLANZEN DRAUSSEN unter freiem Himmel werden meist auf natürliche Weise von Insekten bestäubt. Wenn sie sich jedoch hinter Glas befinden, also in der Wohnung, im Frühbeet oder im Gewächshaus, muss man schon selber nachhelfen.

Alle Blüten müssen bestäubt werden, damit sie Früchte bilden können. So gut wie alle Obst- und Beerensorten brauchen dazu Insekten wie Hummeln oder Bienen. Durch gründliche Bestäubung werden die Früchte gesünder und kräftiger. Das gilt vor allem für Äpfel und Birnen, aber auch für Schwarze Johannisbeeren und Pflaumen. Bei Erdbeeren, Himbeeren und Kirschen spielt das nicht so eine große Rolle.

Man unterscheidet zwischen zwei Bestäubungsarten: Selbstbestäubung und Fremdbestäubung. Bei der *Selbstbestäubung* wird eine Pflanze von ihrem eigenen Pollen bestäubt und dadurch befruchtet. Manche Pflanzen müssen dazu nicht einmal die Blüten öffnen. Offensichtlicher Nachteil ist dabei die Schwächung der Sorte durch Inzucht.

Bei der *Fremdbestäubung* braucht die Blüte Pollen von einer anderen Pflanze, um Früchte zu tragen. Die Pollen werden entweder durch Insekten mitgebracht, normalerweise Bienen und Hummeln, die auf der Suche nach Nektar und Pollen von Blüte zu Blüte fliegen. Bei dieser Art der Bestäubung ist das Risiko der Inzucht sehr gering und die genetische Vielfalt, zumindest beruhend auf dem Pflanzenmaterial, das sich in der Umgebung befindet, bleibt erhalten.

Praktisch alle Apfel-, Birnen- und Pflaumengehölze brauchen Fremdbestäubung, um Früchte zu tragen; sie sind ihrer eigenen Sorte gegenüber selbststeril. Das ist auch der Grund, warum kommerzielle Obstgärtner in regelmäßigen Abständen Bäume einer anderen Sorte pflanzen, die einzig und allein der Bestäubung dienen; in einem normalen Obstgarten befinden sich aber in der Regel meist ohnehin mehrere verschiedene Sorten.

Kleingärtner können das Problem dadurch lösen, indem sie Reiser verschiedener Sorten auf dieselbe Unterlage pfropfen.

BESTÄUBEN MIT DEM PINSEL? Diese Methode ist draußen meist nicht nötig, doch in Wintergärten oder Treibhäusern, in die keine Insekten kommen, muss man schon selbst Hand anlegen. Verwenden Sie dafür einen weichen Pinsel!

Tomaten sind Selbstbestäuber, daher reicht es eigentlich, im Treibhaus einmal gut zu lüften, dann besorgt der Wind die Bestäubung automatisch.

046
Die Ernte mit Gartenvlies vorziehen

DURCH DAS ABDECKEN mit Gartenvlies kann man empfindliche Pflanzen vor Wind, Wetter sowie vor Wildverbiss durch Rehe, Hasen oder Kaninchen schützen und die Reifung erheblich beschleunigen. Besonders Gemüse, Frühkartoffeln und Erdbeeren profitieren von dieser Methode.

Wenn Sie das Gartenvlies mehrmals verwenden wollen, sollten Sie in gute Qualität investieren. Je nach Außentemperatur braucht man eine bis mehrere Lagen, in kalten Jahren bis zu vier Lagen. Das Vlies an den Rändern rundherum mit Steinen oder Sandsäcken beschweren, damit es nicht durch den Wind fortgerissen wird. Gegossen wird wie gewöhnlich einfach obendrauf, denn das Vlies ist wasserdurchlässig.

Pflanztunnel sind ebenfalls eine gute Methode. Diese gibt es natürlich fertig zu kaufen, aber man kann sie aus Isolierschläuchen und Gartenvlies auch leicht selber bauen. Dafür Schlauchstücke gebogen in den Boden stecken und mit Vlies überziehen. Je breiter die Rolle, desto besser; schmale Rollen reichen dafür nicht aus.

SO WIRD'S GEMACHT

Kartoffeln. Die Knollen im Gewächshaus vorziehen und gleich nach dem Auspflanzen ins Freiland eine doppelte oder dreifache Lage Gartenvlies über das Kartoffelbeet spannen. Das Vlies entfernen, wenn die Jungpflanzen anfangen, es nach oben zu drücken, da sich ansonsten darunter Blattschimmel bilden kann. Wenn die Nachtfröste noch nicht ganz vorüber sind, sollte man die Pflanzen in besonders kalten Nächten mit dem Vlies bedecken.

Gemüse. Schützen Sie sowohl Direktsaat als auch ausgepflanzte Setzlinge mit Gartenvlies. So wachsen die Jungpflanzen besser, und der Boden trocknet durch den Wind nicht so schnell aus.

Erdbeeren. Schon im Herbst kann man die Erdbeerbeete durch eine Lage Gartenvlies vor Frost und Trockenheit schützen. Wenn Sie damit bis zum Frühjahr warten wollen, beginnen Sie jedoch so früh wie möglich, am besten gleich nach der Schneeschmelze. Wenn sich die ersten Blüten zeigen, das Vlies wegnehmen, damit die Insekten die Bestäubung vornehmen können. Wenn man das Vlies zusammengerollt zwischen den Reihen liegen lässt, kann man es in kühlen Nächten schnell und bequem wieder über die Pflanzen ziehen.

047
Kohl von der Saat bis zur Ernte

KEIN GEMÜSE IST so ergiebig und pflegeleicht wie Kohl in allen Varianten, dazu zählen Brokkoli, Grünkohl, Blumenkohl, Rosenkohl oder Wirsingkohl. Die Ernteausbeute ist sehr reichlich, und die Pflanzen vertragen sowohl trockene als auch feuchte Sommer. Blanchiert und dann tiefgefroren, hat man den ganzen Winter über etwas davon.

Kohl ist nicht nur äußerst lecker, sondern auch reich an Antioxidantien. Alle Sorten stellen in etwa gleiche Ansprüche an den Boden und haben auch dieselben natürlichen Feinde. Da sie sehr langsam wachsen, lohnt sich das Vorkultivieren. Ich selbst pflanze sie aber bereits ins Freiland aus, wenn die Sämlinge noch vergleichsweise schwach sind, da sie häufiges Umtopfen noch weniger vertragen. Kohlpflanzen reagieren außerdem empfindlich, wenn der Boden allzu feucht ist.

BROKKOLI ist reich an Vitamin A und C, Folsäure, Calcium, Kalium und Eisen sowie an Ballaststoffen. Er bildet meist zuoberst einen kompakten Blütenstand, von dem nach dem Abschneiden seitlich dünnere Triebe nachwachsen. Broccoli ist etwas widerstandsfähiger als Blumenkohl oder Kopfkohl, braucht aber mehr Kalk. Nach dem Auspflanzen den Boden rundherum mit Stroh oder Grasschnitt bedecken. Allzu hoch aufgeschossene Pflanzen mit Bambusstäben oder ähnlichem stabilisieren. Den Haupttrieb schon recht früh ernten (sauber abschneiden), damit die Seitentriebe nachwachsen können. Wenn Sie zu lange warten, fängt der Trieb an zu blühen – das ist zwar sehr hübsch, aber der Broccoli ist dann nicht mehr ganz so lecker.

GRÜNKOHL enthält Vitamin A, C und E, Folsäure und Mineralstoffe. Er ist sehr frosttolerant und kann bis lange in den Winter hinein im Garten stehen bleiben, in milden Wintern sogar bis zum Frühling. Hier werden die Blätter gegessen, da die Blüten keine kompakten Köpfe bilden. Grünkohl braucht nährstoffreichen Boden, egal ob fest oder locker. Die Blätter so früh wie möglich ernten, damit sich wieder neue bilden können. Wenn die Blätter zu hart und faserig werden, um sie im Ganzen zu essen, kann man sie immer noch fein hacken und in Suppen oder Eintöpfen verwenden. Vorher die harten Teile entfernen.

ROSENKOHL mit seinen winzig kleinen Kohlköpfen am hochgewachsenen Stamm ist eigentlich schon für sich genommen eine Schönheit. Er schätzt

nährstoffreichen, lockeren Boden. Ist dieser zu sauer, etwas Kalk beigeben. Die Setzlinge auspflanzen, wenn sie etwa 12 bis 15 Zentimeter hoch sind. Den Boden rundherum anhäufeln und die Setzlinge mit Stroh oder Grasschnitt bedecken. Die untersten Blätter entfernen, wenn sie gelb geworden sind. Am besten schmeckt Rosenkohl, wenn er den ersten Frost abbekommen hat. Man kann ihn den ganzen Winter draußen stehen lassen und bei Bedarf ernten, was man braucht. Rosenkohl ist reich an Vitamin A, C und E, Folsäure und Mineralstoffen.

BLUMENKOHL ist reich an Vitamin C, Folsäure und Mineralstoffen. Er wächst langsam und sollte daher vorkultiviert werden. Er liebt feste, schwere, feuchte und humusreiche Erde. Den Setzling bis zu den Keimblättern einpflanzen und die Erde rundherum gut andrücken. Er kann ausgepflanzt werden, sobald sich über den Keimblättern drei weitere Blätter gebildet haben. Die Pflanze muss eine Spitzknospe haben, damit sie einen Blumenkohlkopf bilden kann. Blumenkohl braucht stickstoffreichen Dünger, bei humusreichem Boden zum Beispiel Grasschnitt. Der Boden darf nicht austrocknen, denn Blumenkohl braucht viel Wasser. Eine Woche vor der Ernte die drei obersten Blätter abknicken und über den Blumenkopf legen, damit er sich nicht im Sonnenlicht gelb oder lila färbt. Frischer Blumenkohl hält sich ein paar Wochen im Kühlschrank oder Erdkeller. Man kann ihn auch gut einfrieren.

WIRSINGKOHL enthält Vitamin C, D, Folsäure und Calcium. Er ist dem Weißkohl ähnlich, jedoch etwas leichter zu kultivieren. Die Blätter sind kraus gewellt und schmecken etwas herzhafter als Weißkohl.

Wirsing mag humosen Lehmboden und sollte nicht zu früh vorkultiviert werden, da die Samen die engen Anzuchtkästen gar nicht schätzen. Im Sommer 4 bis 6 Wochen nach der Aussaat auspflanzen. Zwar verträgt Wirsingkohl ein wenig Frost, ist aber für eine Kohlpflanze insgesamt ziemlich empfindlich. Die Setzlinge gern etwas tiefer einpflanzen, dann stehen sie sicherer. Mit Stroh oder Grasschnitt bedecken, um den Boden vor dem Austrocknen zu schützen. Man kann ihn ernten, sobald die Köpfe groß genug sind.

SCHÄDLINGE UND KRANKHEITEN. Leider ist Kohl ziemlich anfällig! Schützen Sie die Pflanzen frühzeitig durch Abdecken mit Kohlnetzen (siehe dazu auch Seite 123). Kopfkohl ist anfällig für Kohlhernie, Kohlfliegen, Kohlschotenrüssler, Kohlschaben, die Larven der Triangel-Bodeneule und nicht zuletzt für die Raupen des Kohlweißlings, die alles fressen, was ihnen in den Weg kommt. Wenn Sie schon vorher Probleme mit Schädlingen hatten, ist es vielleicht besser, auf Kopfkohl zu verzichten, und stattdessen lieber den gegen Kohlhernie resistenteren Brokkoli zu pflanzen, oder Grünkohl, der davon gar nicht betroffen ist, und dann das Beste zu hoffen.

048
So klappt es mit Dill und Petersilie

PETERSILIE IST SEHR dankbar, denn sie fühlt sich eigentlich überall wohl. Dill hingegen ist ein anspruchsvolles Kraut, dem man es genau recht machen muss.

Die Petersilie stammt ursprünglich aus dem Mittelmeerraum und kam im Mittelalter über die Klostergärten Mitteleuropas auch nach Nordeuropa. In Skandinavien war das Essen damals eher wässrig, fett und fade, und so war Petersilie hochwillkommen, um es geschmacklich ein wenig aufzupeppen. Das Kraut ist reich an Vitamin A und Mineralstoffen und ist heute aus unseren Küchen nicht mehr wegzudenken. Oft wird behauptet, dass Petersilie schwer zu ziehen sei, was ich persönlich nicht bestätigen kann. Solange der möglichst lockere und humusreiche Boden genug Nährstoffe enthält, gedeiht sie eigentlich überall gut. Möglichst tief einpflanzen, damit sich die Wurzeln gut etablieren können. Auch im Pflanztopf kann man Petersilie eigentlich überall halten.

Petersilie

- → Man braucht etwas Geduld, denn Petersilie hat eine lange Keimdauer. So sollten Sie Petersiliensamen vor der Aussaat ein paar Wochen in feuchtes Zeitungspapier gewickelt im Kühlschrank lagern oder über Nacht in lauwarmes Wasser einlegen. Dann einen Zentimeter tief in das Substrat stecken und warten, bis die Saat aufgegangen ist.
- → Man kann Petersilie auch vorkultivieren und dann einzeln auspflanzen. Auf diese Weise kann man sie bereits ein paar Wochen früher ernten als bei der Direktsaat.
- → Im Herbst kann man eine schützende Lage Plastik um die Pflanzen legen oder sie mit einer Pflanzhaube abdecken. Die Pflanzen überwintern und können bis zum Mai geerntet werden. Erst danach blühen sie und sollten dann gegen neue ausgetauscht werden.
- → Wenn man immer nur ein paar Stängel pflückt, hat man den ganzen Sommer über etwas von der Pflanze. Den Überschuss kann man entweder trocknen oder einfrieren. Im Gegensatz zu anderen Kräutern muss Petersilie schnell und heiß getrocknet werden, am besten im 50 bis 90 °C heißen Ofen bei leicht geöffneter Klappe. Glatte Petersilie ist zum Einfrieren besser geeignet als krause.

Dill

Dill stammt ursprünglich aus Asien und fand seinen Weg nach Nordeuropa über Ägypten, Griechenland und Italien. Er ist sehr anspruchsvoll und wächst eigentlich selten dort an, wo man ihn sät. Trotzdem taucht er hier und da im Garten auf, aber dann oft an der falschen Stelle. Die Bodenbeschaffenheit ist eigentlich unerheblich, solange genügend Wasser und Nährstoffe vorhanden sind. Dill darf nie trocken werden – deshalb regelmäßig gießen, aber nicht so stark, dass die Wurzeln faulen.

- → Die Samen in dünnen Reihen leicht in den Boden drücken.
- → Man kann in mehreren Schüben bis in den Hochsommer aussäen, um immer frischen Dill zu haben. Die Dillblüten erst ernten, wenn sie in voller Blüte stehen. Dill ist anfällig für viele Virus- und Pilzkrankheiten, und manche Standorte sind einfach schlichtweg ungeeignet. Da Pilze im Boden überwintern, sollte man bei einem Krankheitsfall mindestens vier Jahre warten, bis man wieder Dill an die betreffende Stelle pflanzt.
- → Gegen Blattläuse und die Behaarte Wiesenwanze kann man die Pflanzen mit Netzen schützen. Einzelne Läuse von Hand entfernen oder mit Wasser abspülen.

049
Der Kräutergarten

WAS GIBT ES Schöneres, als mit der Schere in der Hand hinaus in den Garten zu gehen, um eine Handvoll frischer Kräuter für die nächste Mahlzeit zu ernten? Sorgen Sie für eine gute Auswahl und schneiden Sie die Pflanzen von Anfang an kräftig zurück.

Einen Kräutergarten anzulegen ist wirklich ein leichtes Unterfangen. Man braucht dafür weder Gartenvlies oder besondere Pflanzenerde noch besonders großen Arbeitsaufwand. Der einzige Nachteil ist eigentlich, dass Kräuter sehr schnell wuchern und sich zu einem wahren Dickicht entwickeln können. Daher sollte man sich vorher gut überlegen, wie der Kräutergarten aussehen soll. Wünschen Sie sich ordentlich beschnittene Pflanzen in übersichtlichen Beeten? Dann unterteilen Sie die einzelnen Bereiche mit Steinen, Ziegeln oder Kies. Oder hätten Sie es lieber etwas wilder oder in Form einer Kräuterspirale? Wie Ihr Kräutergarten aussieht, ist einzig und allein eine Frage des Geschmacks und des vorhandenen Platzes.

Sie benötigen einen sonnigen oder halbschattigen Standort, möglichst in der Nähe der Terrasse, damit Sie sich auch am Duft der Kräuter erfreuen können. Für kräftige, gesunde Pflanzen muss der Boden gut durchlässig sein, damit die Kräuter im Winter nicht zu feucht stehen. Sandiger Boden ist besser als lehmiger Boden. Bereiten Sie die Erde mit Humus, Kompost, Laubkompost oder Torf auf.

Kräuter brauchen wenig Dünger. Es reicht völlig, im Frühjahr und Herbst ein paar Eimer Kompost in den Boden einzuarbeiten. In allzu stickstoffhaltigem Boden wuchern die Pflanzen ungehemmt und verlieren dadurch zu viel Kraft, um gesund zu überwintern. Außerdem schmecken sie dann nicht mehr so gut.

Zwar sollen sich die Kräuter gut trocknen lassen, aber das bedeutet nicht, dass man sie deswegen weniger zu gießen braucht, vor allem nicht, wenn sie an einem sonnigen Standort stehen und wenig Schatten von Büschen und Bäumen erhalten. Im Hochsommer muss man schon mehrmals in der Woche gießen, bei Regen oder in kühlen Phasen jedoch entsprechend weniger.

Grundsätzlich gibt es bei Kräutern weniger Probleme mit Schädlingen. Wenn Zitronenmelisse oder Estragon trotzdem von Blattläusen befallen werden, kann man sie kurz und hart mit dem Gartenschlauch abspritzen. Kräuter sollten im Frühjahr beschnitten werden: Arten, die neue Triebe entwickeln, bis kurz über den Boden zurückschneiden, holzigere Arten auf halbe Höhe – niemals mehr!

Kräuter für den Halbschatten: Oregano, Liebstöckel, Koriander, Estragon, Zitronenmelisse, Zitronenthymian, Minze und Süßdolde.

Direkte Sonne: Lavendel, Ysop, Rosmarin, Salbei und Kerbel.

Kräuter, die Schmetterlinge anlocken: Thymian, Salbei, Minze, Ysop, Basilikum, Zitronenmelisse, Kerbel und Oregano.

050
Pflanzen, die man immer wieder ernten kann

SALAT SOLLTE MAN die ganze Saison über im Garten haben. Und das ist nicht so schwer, denn Salatpflanzen bilden immer wieder neue Blätter, sodass man nicht immer wieder neu nachpflanzen muss.

Kopfsalat, Grünkohl, Petersilie (glatt oder kraus), Romanasalat, Mangold, Mizuna und Sellerie lassen sich die ganze Saison über kontinuierlich ernten. Man kann im Prinzip damit beginnen, sobald sich die ersten Blätter zeigen, aber besser ist es, erst einmal die ersten 5 bis 10 Blätter abzuwarten. Frischer Salat schmeckt gut und ist dazu noch sehr gesund. Nehmen Sie Messer oder Schere zu Hilfe, damit Sie die Pflanze nicht versehentlich mit der Wurzel ausreißen. Etwa 2 bis 3 Zentimeter über dem Boden abschneiden, damit der Pflanze genug Kraft bleibt, um neue Blätter zu bilden.

Wenn man den Boden rundherum mit Grasschnitt bedeckt, braucht man nicht zu düngen, denn das besorgt das Gras beim Verdorren schon selbst. Wenn Sie sehr viel geerntet haben, können sie dem Gießwasser einen Schuss Gold- oder Nesselwasser (siehe Seite 97) beigeben, sonst genügt regelmäßiges Gießen.

Ernten sollte man jedoch kontinuierlich, und das aus mehreren Gründen. Wenn die Pflanzen Blätter verlieren, werden sie zu neuem Wachstum angeregt. Das funktioniert genauso wie beispielsweise bei Gurken, die besser wachsen, wenn ab und zu Exemplare geerntet werden. Außerdem nehmen allzu große Blätter viel Luft und Licht weg und locken außerdem Schnecken und anderes Ungeziefer an. Und nicht zuletzt schmecken kleine, zarte Blätter besser als große und schon leicht holzige. Mangold wird geradezu ungenießbar, wenn die Blätter zu groß werden.

Gute Salatpflanzen

Romanasalat. Längliche Blätter mit ausgeprägten mittleren Blattrippen. Knackig und lecker allein oder in gemischtem Salat.

Pflücksalat liefert die ganze Saison über knackige Blätter. Lecker mit gutem Olivenöl, Meersalz und frischem Brot.

Blattkohl (auch Gemüsekohl) gedeiht vom Frühsommer bis spät in den Winter. In milden Jahren kann man mit der Ernte fortfahren, bis im Frühjahr neu gepflanzt wird. Lecker in Salat, Suppen, Eintöpfen und Quiches.

Mizuna. Ein herzhafter japanischer Wintersalat, rucolaähnlich, jedoch etwas milder. Frisch im Salat und lecker in Wok- oder Pfannengerichten. Regelmäßig ernten, da allzu dichte Pflanzen nicht so viele neue Blätter ausbilden.

Stangensellerie. Frisches Selleriearoma mit nährstoffreichen Blättern, aus denen man auch appetitanregenden und magenschonenden Tee kochen kann.

PFLANZEN SELBST KULTIVIEREN

051
Pflanzenschutzmittel selbst gemacht

Selbst bei biologischem Anbau kann man auf Mittel gegen Schädlinge und Krankheiten nicht ganz verzichten. Doch hier kommt man mit Seifenwasser, Knoblauchspray und anderen Hausmitteln schon ziemlich weit.

Die ersten Versuche, Schädlingen mit chemischen Waffen zu Leibe zu rücken, kamen gegen Ende des 19. Jahrhunderts auf. Zunächst wandte man Schwefel- und Kupferpräparate gegen Pilzerkrankungen an Obst und Kartoffeln an. Doch allgemein setzten sich industriell hergestellte Schädlingsbekämpfungsmittel erst nach dem Ersten Weltkrieg durch.

Selbst bei uns in Schweden, das im Öko-Anbau als fortschrittlich gilt, werden immer noch häufig chemische Mittel angewandt. Wenn man im Gartencenter Rat sucht, kommt man meistens mit einem Kanister Gift unterm Arm wieder nach Hause. Und niemand kann die Frage, welche Auswirkungen diese Mittel mittel- und langfristig haben, wirklich beantworten. Letzten Endes werden auch bei uns solche Mittel viel zu oft und unbedenklich angewandt, und das sowohl in der kommerziellen Landwirtschaft als auch bei Hobbygärtnern.

Doch mehrere Studien haben in letzter Zeit aufgezeigt, dass alternative Methoden, die von Biogärtnern seit Jahrzehnten geschätzt werden, durchaus Resultate zeigen.

Seifenwasser: Kaum ein Schädling verträgt eine Seifenwasserdusche. Dafür 50 bis 60 Gramm geriebene Kernseife in 1 Liter Wasser auflösen (jedoch nicht mehr, denn stärkere Konzentrationen könnten wiederum den Pflanzen schaden) und in eine Sprühflasche geben. Gut gegen Blattläuse, Mehltau, dünnhäutige Larven und eine Reihe von Insekten. Manche geben noch einen Esslöffel Weingeist dazu, doch ich rate davon ab, das Seifenwasser noch zu intensivieren.

Knoblauchspray: Starker Knoblauchgeruch schreckt viele Insekten ab und soll auch gegen Mehltau wirken. Dafür 2 bis 3 Knoblauchzehen im Mörser zerstoßen und mit 2 Liter Wasser mischen, etwa 2 bis 3 Teelöffel geriebene Kernseife zugeben. Die Mischung in eine Sprühflasche geben und Beerensträucher und von Mehltau befallene Gurkenpflanzen damit behandeln.

Natronspray: 2 Teelöffel Natron (Natriumhydrogenkarbonat) in einem Liter Wasser auflösen und bei Bedarf ein paar Teelöffel geriebene Kernseife dazugeben. Hilft gegen Pilzerkrankungen wie Mehltau oder Graufäule im Nutzgarten.

Salicylsäurespray: 8 Gramm Salicylsäure (aus der Apotheke) mit einem Liter lauwarmem Wasser in eine verschließbare Flasche geben und vorsichtig so lange schütteln, bis sich die Salicylsäure gelöst hat. Hilft zur Vorbeugung vor Blattläusen an Kartoffel- und Tomatenpflanzen.

052
Kleine Gewächshauskunde

IN GEWÄCHSHÄUSERN HERRSCHT ein Mikroklima, in dem manche Pflanzen besser gedeihen und früher Früchte tragen. Jede Pflanze braucht einen guten Boden sowie Licht, Luft und Wasser, aber in einem Gewächshaus hängt das alles von uns selbst ab. Und da gilt vor allem: Versuch macht klug!

Die besten Resultate erzielt man, wenn direkt in die Erde gepflanzt wird. Dafür braucht man etwa 30 bis 40 Zentimeter tiefes durchlässiges, nährstoffreiches Substrat.

Gedüngt wird mit gut abgelagertem Kompost oder Stallmist. Den Boden tief umgraben.

Erde oder Sand?

Viele Treibhausgärtner nehmen inzwischen keine Gartenerde mehr, sondern Sand. Darin gedeihen die Pflanzen gut und die Ernte bleibt sauber. Der körnige Sand heizt sich selbst im Frühjahr in der Sonne schnell auf, und die Wurzeln können sich rasch und kräftig etablieren. Dafür den Boden tief ausschachten und die Grube mit Sand auffüllen (Korngröße 1 bis 8 Millimeter). Darüber kommt eine 10 Zentimeter dicke Schicht Grasschnitt oder gejätetes Unkraut, die die ganze Saison über für Düngung sorgt; von Zeit zu Zeit neuen Grasschnitt nachlegen und regelmäßig ein wenig Dünger in das Gießwasser geben. Nach ein paar Jahren kann man sich unter Umständen auf flüssigen Dünger beschränken und braucht nur im Frühjahr eine Schicht Grasschnitt aufzubringen. Anders als in Gartenerde kann man jedoch in Sandboden nicht direkt aussäen, sondern muss die Pflanzen im Anzuchtkasten vorkultivieren.

Wenn Sie ein großes Treibhaus und Hühner haben, lassen Sie diese nach der Ernte dort herumlaufen. Die Hühner fressen Pflanzenreste und Schädlinge und düngen zugleich den Boden.

AUSGELAUGTER BODEN Auch in einem Treibhaus kann der Boden auslaugen. Das sieht man daran, dass die Pflanzen weniger Früchte tragen und nicht mehr so gut gedeihen wie zuvor. Nährstoffmangel erkennt man an gelb verfärbten Blättern. In diesem Fall kann man während der Saison mit Gold- oder Nesselwasser Abhilfe schaffen. Vor der nächsten Pflanzung wird dann entweder die oberste Bodenschicht ausgetauscht, oder man arbeitet etwas mehr Stallmist hinein. Fruchtwechsel ist im Treibhaus so wichtig wie im Freiland – auch wenn das bedeutet, dass man eine Zeitlang auf eigene Gurken und Tomaten verzichten muss.

LÜFTUNG Im Sommer wird es im Gewächshaus schnell zu heiß. Deshalb ist es wichtig, dass sich die Fenster öffnen lassen. Anderenfalls deckt man das Dach zum Schutz gegen die Sonne mit Tüchern ab.

Am besten baut man ein Treibhaus mit natürlicher Luftzirkulation unter dem Dach (siehe dazu Seite 173). Eine gute Lüftung ist auch deshalb wichtig, da allzu hohe Luftfeuchtigkeit Schimmelbildung und Vermehrung von Ungeziefer begünstigt. Von daher sollte man immer wieder einmal die Fenster und Türen eine Weile offenstehen lassen, um für Durchzug zu sorgen; im Sommer oft sogar permanent.

BEWÄSSERUNG Gießen Sie möglichst morgens, denn wenn sich über Nacht zu viel Feuchtigkeit im Boden hält, profitieren Schimmelpilze und Ungeziefer. Sollten Sie viel unterwegs sein, empfiehlt sich ein automatisches Bewässerungssystem mit Zeitschaltuhr. Eine Schicht Grasschnitt auf dem Boden hält die Feuchtigkeit dort, wo sie hingehört.

Krankheiten/Schädlinge

GRAUSCHIMMELFÄULE (*Botrytis cinerea*) befällt besonders Tomaten und Gurken. Blätter, Stiele und Blüten bekommen zuerst bräunliche Flecken, auf denen sich ein gräulicher Pelz bildet. Angegriffene Pflanzenteile unbedingt entfernen, damit sich die Krankheit nicht weiter ausbreiten kann. Beugen Sie vor, indem Sie nicht zu dicht pflanzen, regelmäßig allzu buschiges Blattwerk entfernen und vor allem für gute Luftzirkulation sorgen.

MEHLTAU ist vor allem eine Gurkenkrankheit. Auf der Oberseite der Blätter bilden sich weiße Flecken. Auch hier ist vor allem gute Lüftung wichtig, damit sich nachts keine Kondensationsfeuchtigkeit bildet. Befallene Pflanzen mit Natronwasser (s. S. 119) besprühen.

NACKTSCHNECKEN bleiben meist draußen vor der Tür, aber in feuchten Sommern können auch sie im Treibhaus Einzug halten. Man erkennt Schneckenbefall an den Schleimspuren und den angefressenen Blättern. Hier hilft nur gründliches Absammeln.

BLATTLÄUSE befallen vor allem Paprikapflanzen. Die Eier manuell zerdrücken und die Pflanzen einmal pro Woche mit Seifenwasser einsprühen, bis die Läuse weg sind. Alternativ kann man Marienkäfer aus dem Garten sammeln oder Nützlinge wie Gallmücken, parasitische Wespen oder Gemeine Florfliegen kaufen und im Treibhaus aussetzen.

SPINNMILBEN (oder »*Rote Spinnen*«) findet man vor allem an der Blattunterseite von Gurkenpflanzen. Zuerst bilden sich weiße Tupfen und später weiße Flecken. Spinnmilben überwintern im Treibhaus, doch leider kann man sie nur unter der Lupe erkennen. Mit den erwähnten Sprühbekämpfungsmitteln bekämpfen oder Nützlinge wie Raubmilbe oder Gallmücke gegen sie einsetzen.

SCHMIERLÄUSE (*Mehlläuse*) sind an ihren weißen Schmierspuren zu erkennen, die die Photosynthese der Pflanzen behindern. Sie sondern zuckerhaltigen Honigtau ab, der die Schimmelbildung begünstigt. Auch hier helfen Nützlinge wie Marienkäfer, Schlupfwespen und Florfliegen.

053
Netze und Gartenvlies

WER SCHON EINMAL Schädlingsbefall an seinen Pflanzen zu bekämpfen hatte, weiß, wie wichtig gute Vorbeugung ist. Hier eignen sich Netze und Vliese, mit deren Hilfe man eine Menge von Schädlingen schon von vornherein wirksam fernhalten kann.

Zwar sieht es nicht besonders toll aus, wenn die Kohlbeete über und über mit Kohlnetzen bespannt sind, doch wenn man sich zwischen Pest und Cholera entscheiden muss, sind die Netze das kleinere Übel. Spannen Sie die Netze so rechtzeitig, dass sich die Larven des Kohlweißlings gar nicht erst dort etablieren können. Falls Sie Schwierigkeiten haben, die Kohlnetze rundherum deckend auf dem Boden zu befestigen, schneiden Sie einfache Isolierschläuche in passender Länge zu und biegen diese zu Bögen. An kalten Tagen kann man eine Heißluftpistole zu Hilfe nehmen. Die Bögen in den Boden stecken und mit Kohlnetzen bespannen. Anfangs brauchen die Bögen nicht sehr hoch zu sein, doch bei zunehmendem Pflanzenwachstum muss man die Tunnel kontinuierlich erhöhen.

Achten Sie darauf, dass die Netzbreite ausreichend ist. Das Netz entlang der Kanten am Boden mit Ziegeln oder Sandsäcken beschweren. Wenn die Kohlpflanzen ausgewachsen sind, reicht die Breite wahrscheinlich nicht mehr aus, um auf beiden Seiten ganz auf den Boden zu reichen. Da bleibt dann nur noch die Hoffnung, dass die Kohlweißlinge keinen Weg unter das Netz finden.

Wenn das Kohlbeet sehr groß ist, kann man Netze kaufen, die über zwei oder drei Reihen zugleich passen. Als Tragekonstruktion eignen sich Holzstäbe, die in regelmäßigen Abständen in den Boden gesteckt und mit je einer umgedrehten Blechdose versehen werden. So hält das Netz und bekommt keine Löcher. Man kann natürlich auch Spezialstäbe kaufen, die oben mit einer Kugel versehen sind. Auch bei dieser Variante die Netze an den Rändern mit Ziegeln oder Sandsäcken beschweren.

Ebenfalls gut geeignet ist dünnes Gartenvlies, um Schädlingsbefall durch Schädlinge wie die Kleine Kohlfliege, Zwiebelfliege, Stinkfliege, Möhrenfliege, verschiedene Florarten sowie Schmetterlingslarven wirksam zu verhindern. Die besten Resultate erzielt man, wenn man das Vlies lange liegen lässt und nur zum Jäten abnimmt. Erst zur Ernte oder höchstens ein paar Wochen davor abnehmen.

054
Obst und Gemüse einlagern

EGAL, OB MAN Hobbygärtner ist oder über große Flächen verfügt, die Ernte einer Obst- oder Gemüsesorte wird immer zur selben Zeit reif. Da lohnt es sich, den Überschuss für den Winter effektiv einzulagern.

Früchte befinden sich zum Zeitpunkt der Reife mitten in einem intensiven Stoffwechselprozess, der auch nach der Ernte fortdauert (das sogenannte Nachreifen). Dadurch vermindern sich nach und nach Geschmack und Nährstoffgehalt. Durch kühle Lagerung kann man den Prozess verlangsamen. Achten Sie jedoch darauf, dass die Temperatur nicht bis auf den Gefrierpunkt absinkt.
Auch die Luftfeuchtigkeit ist wichtig. Welkes Gemüse schmeckt nicht besonders, und manche Sorten faulen oder schimmeln schnell.

Lagerung

Erdkeller: Ein einfacher, preiswerter Lagerplatz. Hier ist die Luftfeuchtigkeit hoch; es ist kühl, doch die Erdwände lassen keinen Frost eindringen. Man kann einen Erdkeller leicht selbst anlegen (siehe dazu Seite 159).
Erdmiete oder Erdgrube: Manche Gemüsearten kann man mit einer schützenden Schicht an Stroh und Erde bedeckt entweder in einer Grube oder direkt auf dem Feld lagern. Der einzige Nachteil ist, dass man das Deckmaterial jedes Mal entfernen muss, um an das Gemüse zu kommen.
Keller: Normale Keller sind nicht optimal. Dort ist es meist viel zu warm und trocken (außer vielleicht in sehr alten Häusern). Wurzelgemüse kann man dort in Kisten mit feuchtem Sand oder in feuchtes Zeitungspapier eingewickelt lagern.

LAGERN IM ERDKELLER

→ Wurzelgemüse (Mohrrüben, Steckrüben, Rote Bete oder Sellerieknollen) lagert man bei 1 bis 3 °C und möglichst hoher Luftfeuchtigkeit (90 bis 95 Prozent).
→ Kartoffeln brauchen Dunkelheit und Temperaturen um 3 bis 7 °C mit einer Luftfeuchtigkeit von 80 bis 90 Prozent.
→ Artischocken und Kohl usw. bei 1 bis 3 °C und 90 bis 95 Prozent Luftfeuchtigkeit lagern.

NICHT IM ERDKELLER LAGERN

→ Zwiebeln lagert man am besten draußen vor dem Erdkeller, am Besten bei 0 °C und einer Luftfeuchtigkeit von 75 Prozent.
→ Tomaten, Auberginen und Paprika dürfen nicht zu kühl gelagert werden (am besten bei 12 bis 14 °C) und gehören daher nicht in den Erdkeller. Tomaten setzen außerdem Ethylen frei, das die Reifung anderer Gemüsesorten beschleunigt.
→ Auch Obst setzt Ethylen frei und sollte daher nicht zusammen aufbewahrt werden. Am besten legt man es in einen Korb in einen kühlen Lagerraum (bei 1 bis 3 °C und einer Luftfeuchtigkeit von 90 Prozent). Im Winter kann man die Früchte mit einem Filztuch oder einer alten Wolldecke bedecken, um sie vor Frost zu schützen.

TIPP

Stecken Sie 6 bis 10 makellose, trockene Äpfel in eine Plastiktüte. Vor dem Verschließen soviel Luft wie möglich heraussaugen (oder ein Vakuumiergerät verwenden). In einem Karton mit Deckel an einem dunklen, kühlen Ort lagern. Achten Sie drauf, dass die Äpfel wirklich trocken sind.

055
Eine Naturwiese anlegen

HEUTE IST NUR NOCH ein verschwindend kleiner Prozentsatz der bis ins 19. Jahrhundert vorhandenen Wiesen- und Weidelandschaften übrig, was tiefgreifende Konsequenzen für die natürliche Vielfalt der Vegetation mit sich gebracht hat. Die Reduktion der Fläche, Monokulturen, Pflanzengifte und anderes haben in den letzten Jahren dazu geführt, dass sich die Anzahl der Insekten dramatisch verringert hat. Mit dem Anlegen einer Naturwiese tun Sie daher einen Schritt in die richtige Richtung.

Im Gegensatz zu einem Rasen wachsen auf einer Wiese mindestens 40 bis 50 verschiedene Pflanzenarten pro Quadratmeter. Nirgendwo anders findet man eine solche Vielfalt auf so engem Raum. Neben Gärten und Naturbeeten gehören Wiesengründe zu den artenreichsten Gebieten überhaupt.

Grünland war für die Bauern in alter Zeit unverzichtbar, denn dies lieferte das Sommer- und Winterfutter für die Tiere. Und neben Fleisch und Milch produzierten die Tiere auch Mist, der die Felder wiederum mit wertvollem Dünger versorgte. Nicht von ungefähr wird die Wiese im Volksmund oft als »die Mutter des Ackers« bezeichnet.

Leider wurde naturbelassenes Grünland mit dem Beginn der Industrialisierung im 19. Jahrhundert immer weniger. Inzwischen ist das Bewusstsein für die Bedeutung dieses kostbaren und für die Artenvielfalt von Pflanzen und Insekten unverzichtbaren Naturraums jedoch wieder deutlich gewachsen.

EINE EIGENE WIESE ANLEGEN. Ein großer Garten ist dafür ideal. Wenn Sie eine eigene Wiesen anlegen wollen, lassen Sie den dafür bestimmten Teil brach liegen, damit sich Blumen und Unkräuter hier frei verbreiten können. Das Anlegen einer klassischen Naturwiese dauert allerdings seine Zeit. Natürlich gibt es Wiesensaat zu kaufen, und Sie können dort auch Samen ausstreuen, die Sie selbst im Garten und auf dem freien Feld gesammelt haben. Ein ehemaliger Rasen zum Beispiel ist jedoch sehr nährstoffreich, und das schätzen Wiesenblumen gar nicht. Es dauert also nach dem letzten Mähen eine geraume Zeit, bis diese sich dort etabliert haben.

Wenn sich auf dem vorgesehenen Wiesengrund noch gar keine Gräser befinden, kann man natürlich auch Grassaat ausbringen. Nehmen Sie jedoch langsam wachsende Sorten und säen Sie vor allem nicht zu dicht. Im Hochsommer sollten Sie die Wiese mit der Sense mähen und das Heu dort liegen lassen, damit die Samen zu Boden fallen können. Nach ein paar Wochen kann das Heu abgeharkt und beispielsweise als Gründünger auf den Beeten verwendet oder an die Tiere verfüttert werden.

TIPP
Ein häufiger Fehler ist es, die neu angelegte Wiese zu früh im Jahr zu mähen. Man sollte damit so lange wie möglich warten. Das frisch gemähte Gras muss so lange liegen beiben, bis sich die Samen daraus gelöst und wieder ausgesät haben.

056
So fühlen sich Vögel und Insekten im Garten wohl

IN EINEM NATURNAHEN Garten fühlen sich auch Insekten und Singvögel wohl. Vögel und Insekten fühlen sich in Gärten mit dichtem und ausladendem Buschwerk wohler als in allzu akkurat abgezirkelten Anlagen, da sie hier auch Schutz vor Wind und Wetter finden.

Hängen Sie *Nistkästen* auf, damit sich die Vögel dort häuslich einrichten können. Legen Sie auch einen kleinen Teich oder eine Vogeltränke an, damit Vögel, Igel und Insekten sich dort an heißen Sommertagen Kühlung verschaffen können. Die Wasserstelle sollte möglichst an einer von dichtem Buschwerk geschützten, halbschattigen Ecke des Gartens liegen und den dort verweilenden Tieren schnelle Fluchtgelegenheit bieten. Vor allem kleinere Vögel meiden Orte, an denen sie nicht schnell in Büschen oder Hecken Schutz suchen können. Wenn sich auf dem Grundstück ausgetrocknete Bachbetten oder Bodensenken befinden, füllen Sie diese wieder auf, und Sie werden staunen, wie schnell die Tiere wiederkommen. Natürlich ist Vogelgesang schon für sich allein genommen etwas Wunderschönes, aber die gefiederten Nachbarn halten vor allem den Schädlingsbestand niedrig. In einem Garten voller Vögel leben Fliegen und Larven gefährlich!

Pflanzen Sie vor allem Büsche und Blumen, die Bienen und Schmetterlinge anlocken, wie Ziersalbei, Schmetterlingsstrauch, Tauben-Skabiose, Johanniskraut, Lichtnelke, Geißblatt, Efeu, Lavendel, Oregano, Thymian, Waldmeister, Strand-Silberkraut oder Sonnenhut.

Denken Sie darüber nach, einen Teil des Gartens als Naturwiese anzulegen; speziell Sauerampfer, Nesseln und Disteln locken beispielsweise Schmetterlinge an. Das erspart einerseits viel Gartenarbeit, andererseits schafft es ideale Lebensbedingungen für Vögel und nützliche Insekten sowie für Pflanzen, die Vogeldünger schätzen.

Schmetterlingsfreunde können auch eine *Futterstation* speziell für Schmetterlinge aufstellen. Diese kommt den neu geschlüpften Tieren vor allem im Frühling zugute, wenn im Garten die Nahrung noch recht knapp ist. Man kann sie fertig kaufen oder selbst herstellen. Dafür Honig zu gleichen Teilen mit Wasser mischen, auf einen flachen Teller geben und an einen geschützten, sonnigen Platz mitten zwischen die Blumen in den Garten stellen. Geben Sie auch ein paar Obststücke dazu, besonders Bananen sind bei Schmetterlingen sehr bliebt.

Wenn Sie Zeit haben, bauen Sie noch gleich ein *Insektenhotel* dazu: Ein altes Holzregal in den Garten stellen und alle Zwischenräume mit Ziegelsteinen, Holzstücken, Reisig und Stroh füllen. Hier und da 10 Millimeter tiefe Löcher in die Holzblöcke bohren, damit die Insekten darin überwintern können. Mit einem schützenden Blechdach hält das Insektenhotel länger. Man kann dafür auch eine alte Kabeltrommel verwenden, da hat man bereits ein vorgefertigtes Dach und einen Boden.

Auch Holzschuppen und Brennholzstapel sind übrigens ein bevorzugter Überwinterungsplatz für Insekten und Schmetterlinge.

Sofern der Garten nicht allzu sehr von Schnecken geplagt ist, kann man im Herbst in einer geschützten Ecke einen Reisighaufen für Igel und Kröten anlegen.

057
Den Garten vor Wildverbiss schützen

WENN SIE AM Waldrand wohnen, können Sie ein Lied davon singen, welchen Schaden Wildtiere im Garten anrichten können. Wer nicht von Hasen und anderen Nagetieren geplagt wird, hat seine Last mit Rehen oder Wildschweinen. Doch es gibt ein paar hilfreiche Maßnahmen, um den Schaden zumindest ein wenig einzudämmen.

Schutz vor Rehen

→ Es empfehlen sich hohe Wildschutzzäune aus Draht oder Holz, die dauerhaft wilddicht sein müssen, was eine regelmäßige Kontrolle erfordert. Weniger Wartung erfordert die Installation eines Elektrozauns. Spannen Sie dafür 2 bis 4 Elektrodrähte übereinander bis in eine Höhe von 1,70 Meter (damit sie gegen Hasen und Kaninchen helfen, müssen sich die ersten beiden Drähte in 10 bzw. 20 Zentimeter Höhe über dem Boden befinden).
→ Den Zaun zuerst Tag und Nacht unter Strom stellen und dann periodenweise abstellen. Wenn das als Abschreckung nicht bereits gereicht hat, muss man den Strom leider wieder häufiger anstellen.
→ Einzelne Beete mit Gartennetzen und Maschendraht bespannen oder einzäunen.
→ Zum Schutz einzelner Pflanzen eignen sich Wuchshüllen oder Drahthosen. Um Baumstämme gelegte Schutzmanschetten schützen die Rinde vor Wildverbiss.
→ Laute Geräusche können herannahende Wildtiere zwar anfangs in die Flucht schlagen, aber sie werden sich bald daran gewöhnen und weichen dann nur noch vorübergehend um wenige Meter zurück.
→ Altbewährt ist die Verwendung von unbehandelter Schafwolle, die man um die Gipfelknospe junger Bäume legt.
→ Knoblauchwasser soll Wildtiere zumindest aufhalten, gibt der Gemüseernte jedoch auch einen deutlichen Beigeschmack.
→ Feine, transparente Fäden kreuz und quer über den Garten gespannt mögen zwar Wildtiere verwirren und dadurch abschrecken, aber sie können natürlich auch den Gärtner selbst zum Stolpern bringen.

Schutz gegen Nagetiere

→ Lassen Sie weder Reisig noch Laub im Garten herumliegen, damit es hier für Nager so ungastlich wie möglich wird.
→ Schutzmanschetten um die Bäume legen und bis 10 Zentimeter tief in den Boden eingraben. Hilft leider nicht gegen Schermäuse, die das Wurzelwerk tief im Boden angraben.
→ Man soll Wühlmäuse vertreiben können, indem man frischen Fisch in den Gängen auslegt.
→ Fallen aufstellen und mit Gras bedecken ist wahrscheinlich immer noch die verlässlichste Methode.
→ Zwiebeln in Sand anpflanzen; darin können Wühlmäuse nämlich keine stabilen Gänge anlegen.

Schutz gegen Wildschweine

→ Eigentlich hilft nur ein Elektrozaun wirksam gegen die cleveren Wildschweine. Dafür 2 bis 3 Drähte zwischen 10 und 60 Zentimeter über dem Boden spannen.

058
Die Schneckenplage bekämpfen

SCHNECKEN UND NACKTSCHNECKEN gehören zu den größten Schädlingen im Garten. Doch verzagen Sie nicht, man kann ihnen zu Leibe rücken. Regel Nummer eins dabei ist allerdings: Nicht aufgeben!

Seit den 1970er-Jahren hat sich die *Spanische Wegschnecke* rasant in Mitteleuropa ausgebreitet und ist zu einer echten Plage geworden. Die übrigens ursprünglich aus Westfrankreich stammende Schnecke ist 7 bis 15 Zetimeter lang und schmutzig bräunlich bis orange-gelb und der heimischen Wegschnecke sehr ähnlich. Die zwittrige Schnecke bildet zwar nur eine Generation pro Jahr, doch produziert sie dabei rund 400 Eier. Diese werden in einer 10 bis 20 Zentimeter tiefen Erdkammer abgelegt, wo die im Spätherbst oder Vorfrühling geschlüpften Jungtiere überwintern. Sowie die Temperaturen über 4 °C liegen, kommen die Schnecken an die Erdoberfläche und beginnen zu fressen.

Hier gilt es vor allem, der drohenden Plage vorzubeugen. Lassen Sie im Gemüsegarten keine Pflanzenreste und Laubhaufen liegen, denn darin fühlen sich die Schnecken besonders wohl. Auch der Komposthaufen sollte sich möglichst weit weg von den Beeten befinden. Setzen Sie auf hohe Pflanzenqualität und säen Sie immer in warmer Erde aus. Es lohnt sich, die Saat vorzukultivieren, dann dadurch werden die Pflanzen widerstandsfähiger. Schwächliche Pflanzen sind eine Leibspeise für Schnecken! Immer früh am Morgen gießen, niemals am Abend.

Eine sehr wirksame biologische Maßnahme ist das Aussetzen von *Nematoden*, das sind winzige Fadenwürmer, im Boden. Sie infizieren Nacktschnecken und jugendliche Spanische Wegschnecken mit Darmbakterien, wodurch diese nach wenigen Tagen zu fressen aufhören und absterben. Danach suchen sich die Würmer neue Opfer.

BARRIEREN UND HINDERNISSE Metallwinkel an Frühbeeten und Türöffnungen können Schnecken aufhalten. Auch an Hängekörbe oder hoch über dem Boden angebrachte Pflanzgefäße kommen Schnecken schwerer heran. Doch das ist erstens recht aufwendig und zweitens trocknet das Substrat dort viel schneller aus. Auch eine Lage Gartenvlies kann wirksam gegen Schnecken schützen, wenn dieses rundherum dicht am Boden abschließt. Insektennetze, an die Rahmen von Hochbeeten angeheftet, halten Schnecken ebenfalls wirksam ab.

MANUELLE BEKÄMPFUNG Eine beschwerliche, aber sehr effektive Methode ist das manuelle Absammeln der Schnecken. Dabei sollte man sie sofort töten, am Besten, indem man sie mittendurch schneidet. Lassen Sie sich von anderen Tieren bei der Jagd helfen: Enten fressen Schnecken für ihr Leben gern, und auch Igel sind fantastische Schneckenjäger.

FALLEN Eine klassische Schneckenfalle ist eine Schüssel mit Bier, die im Gemüsebeet in den Boden eingegraben wird. Lassen Sie dabei die Kanten ein wenig über den Boden hinausstehen, damit die Schnecken nicht entkommen können, und sammeln Sie jeden Tag die ertrunkenen Exemplare ab.

Eine »Rüsche« aus gewöhnlichem Insektennetz rund um die Hochbeete hält die Schnecken fern.

TIPP

Spannen Sie einen an eine 9-Volt-Batterie angeschlossenen Draht rund um das Beet.

Oft sitzen Nacktschneckeneier im Substrat rund um neu gekaufte Pflanzen. Spülen Sie Wurzeln vor dem Auspflanzen zuerst gut ab.

059
Regenwasser sammeln

AUCH DIE WIEDERVERWENDUNG von Wasser gehört zu den Grundprinzipien der Nachhaltigkeit – egal, ob Sie nur ein paar Regentonnen aufstellen, um das Wasser aus den Dachrinnen zu sammeln, oder das im Haus angefallene Grauwasser (Abwasser aus Dusche, Handwaschbecken und Badewanne) weiter verwenden.

Effektive Wasserplanung dreht sich zuallererst darum, so viel Wasser wie möglich zu sammeln und wiederzuverwerten. Im Gegensatz zum Wasser aus dem Wasserhahn ist Regenwasser kalkarm und vor allem kostenlos. Im Sommer ist es sogar so warm, dass man es direkt für die Tomaten im Gewächshaus verwenden kann, die ja bekanntlich kalte Duschen aus dem Wasserschlauch verabscheuen. Es lohnt sich, rund um das Haus Regentonnen aufzustellen, um damit das Regenwasser zu sammeln (Regentonnen aus Holz sind am Schönsten). Normale Fallrohre sind für Regentonnen nicht besonders gut geeignet. Hier empfiehlt es sich, ein abgewinkeltes Rohrstück zu montieren, um das Wasser in der richtigen Höhe in die Tonne umzuleiten. Bei großen Scheunen und Außengebäuden kommt eine Menge Wasser zusammen – da werden gewöhnliche Regentonnen schnell zu klein. Hier empfehlen sich große Wassertanks, die man auch in den Boden einlassen kann. Manchmal wird man dafür auf dem Schrottplatz fündig; es lohnt sich jedenfalls, dort einmal vorbeizuschauen.

Größere Wassertanks müssen dicht schließende Deckel haben, damit keine Pflanzenteile und andere Verunreinigungen dort hineingeraten. Außerdem ist es oft einfacher, einen Wasserhahn unten am Tank zu montieren, anstatt zu versuchen, das Wasser mit Eimern von oben herauszuschöpfen. Befindet sich das Anwesen auf abschüssigem Gelände oder am tiefsten Punkt einer größeren Ebene, kann man eine Reihe von Sielen installieren und so eine Menge mehr Wasser sammeln.

Selbst für Hobbygärtner ist das im Haushalt anfallende Grauwasser eine unterschätzte Ressource. Das gilt besonders, wenn das Wasser aus dem eigenen Brunnen kommt, der in heißen Sommern versiegen kann, oder wenn das Leitungswasser schlicht so teuer ist, dass man sich damit das Gießen kaum leisten kann. Eigentlich kann man das gesamte Abwasser, mit Ausnahme der Toilette natürlich, im Garten wiederverwenden, denn die darin enthaltenen Seifen- und Waschmittelreste sind zu geringfügig, um den Pflanzen Schaden zuzufügen.

Dafür braucht man jedoch ein für Grauwasser und Toilettenabwasser getrenntes Ablaufsystem, was sich in alten Häusern häufig schwierig gestaltet. Doch wenn man neu baut, sollte man von Anfang an einen Auffangbehälter für Grauwasser mit einplanen, zumindest für das Dusch- und Badewasser. Besonders praktisch und platzsparend ist dabei ein Bodentank mit angeschlossener Pumpe.

060
Garten und Felder bewässern

AUF SOMMERREGEN KANN man sich nicht verlassen – zumindest nicht darauf, dass er regelmäßig in ausreichender Menge fällt, um die Beete und Felder gleichmäßig zu bewässern. Da lohnt es sich, Vorkehrungen zu treffen, um das eigene Grauwasser (siehe S. 135) dafür zu verwenden.

Im Vergleich zu Südeuropa können wir Nord- und Mitteleuropäer uns eigentlich nicht beschweren, denn obschon es gelegentlich heiße und trockene Sommer und ungünstige Wetterlagen gibt, haben wir doch meist Zugriff auf genügend Wasser.

Über den Daumen gerechnet braucht der Garten in der Woche etwa 20 bis 25 Millimeter Wasser. Beeren und Gemüse jedoch, vor allem Erdbeeren, Himbeeren, Tomaten und Gurken brauchen bedeutend mehr. Für einen Hektar Ackerboden sind das bei 25 Millimetern insgesamt rund 250 000 Liter Wasser. Das wird ziemlich teuer, wenn man dafür allein das kommunale Wasser verwendet. Große Höfe brauchen definitiv einen eigenen Brunnen.

Versuchen Sie, frühmorgens oder so gleichmäßig wie möglich über den Tag zu gießen. Am Abend ist es zwar oft bequemer, jedoch nicht optimal, da nächtliche Feuchtigkeit Schimmelbildung begünstigt und Schnecken und andere Schädlinge anzieht.

Man kann auch auf Schwemmbewässerung zurückgreifen, indem man das Wasser aus einem nahegelegenen Bach oder See auf die bewirtschaftete Fläche pumpt, aber dadurch werden oft nicht alle Bereiche gleichmäßig abgedeckt.

Da ist es schon viel besser, von Anfang an Regen- und Grauwasser zu sammeln, um es für die Bewässerung zu verwenden.

BEEREN Beerenpflanzen brauchen während der gesamten Blüte- und Reifezeit regelmäßige Wasserversorgung, um Früchte zu tragen. An durch Trockenheit gestressten Pflanzen können sich außerdem Schädlinge wie Mehltau und Spinnmilben leichter etablieren.

OBST Für eine optimale Ernte braucht man regelmäßige Wasserzufuhr, sonst zeigen sich Wachstumsstörungen, oder die Früchte bekommen faule Stellen oder Risse. Trockenes Obst schmeckt nicht besonders. Hier empfiehlt sich eine automatische Bewässerung.

FREILANDGEMÜSE Der Wasserbedarf richtet sich nach der Sorte. Prüfen Sie an mehreren Stellen stichprobenartig, wie trocken der Boden ist. Fester Boden hält die Feuchtigkeit länger als durchlässiger Boden, welcher daher öfter, dafür aber sparsamer gegossen werden muss (etwa 15 bis 20 Millimeter gegenüber 25 bis 30 Millimetern bei festerem Boden).

TREIBHAUSGEMÜSE Je wärmer der Tag, desto höher der Wasserbedarf. An heißen Tagen brauchen Gurken pro Quadratmeter bis zu 5 Liter und Tomaten bis zu 4 Liter Wasser. Gießen Sie den größten Teil des Tagesbedarfs, wenn es im Treibhaus am heißesten ist, also zwischen 11 und 15 Uhr.

Durchmesser des Einflugloches
für verschiedene Vogelarten:
- 27 mm Tannen- und Blaumeise
- 30 mm Kohlmeise
- 30–50 mm Gartenrotschwanz
- 35 mm Feldsperling, Haussperling, Kleiber
- 50 mm Star
- 110 mm Schellente
- 120 mm Waldkauz

061
Nistkästen selbst bauen

WENN SIE DIE richtige Nistgelegenheit finden, lassen sich Vögel gern im Garten nieder. Bauen Sie zusammen mit den Kindern Nistkästen und warten dann gemeinsam, ob die gefiederten Gesellen Ihre Einladung annehmen.

So wird's gemacht

Sie brauchen dafür Zollstock, Bohrmaschine, Säge, Schrauben, Scharniere, Haken und Ösen und natürlich etwa 15 bis 19 Zentimeter mal 2 bis 2,5 Zentimeter große Holzbretter.

Ein Nistkasten für kleine Vögel (etwa Meisen) sollte hinten 32 Zentimeter und vorn 26 Zentimeter breit sein. Das Schlupfloch sollte sich 20 bis 25 Zentimeter über dem Kastenboden befinden. Den Kasten mit rostfreien Schrauben montieren und das Dach an der Rückseite mit einem Scharnier befestigen. Vorn Haken und Ösen anbringen, damit man den Kasten bei Bedarf öffnen und reinigen kann. Wenn das Dach vorn ein wenig übersteht, wird das Schlupfloch vor Regen geschützt, und dann hält der Nistkasten auch länger.

Je nach Vogelart brauchen Sie ein unterschiedlich großes Einflugloch (siehe Abbildung). Schlagen Sie kleine Nägel rund um das Schlupfloch ein oder verstärken dies rundum mit Blech, damit keine Spechte dort eindringen können.

Die Nistkästen mit Draht in einem Baum befestigen (den Draht vorher in ein Stück Gartenschlauch stecken, damit er nicht verrostet) oder an einen dicken Aluminiumnagel hängen, der mindestens 2 Zentimeter tief in den Stamm geschlagen werden muss (das schadet dem Baum nicht!). Der Nistkasten muss fest sitzen, denn in einen im Wind schwankenden Kasten ziehen keine Vögel ein.

TIPP

Der Nistkasten kann im Grunde aussehen, wie es Ihnen selbst am Besten gefällt. Lassen Sie Ihre Fantasie dabei ruhig ein wenig spielen. Selbst eine Art Hochhaus ist denkbar – mit etwas Glück werden die Vögel auch das akzeptieren.

Installieren Sie vor Saisonbeginn eine Webcam und schalten Sie sie ein, wenn der Nistkasten bezogen wurde. Dann können Sie das muntere Treiben in Echtzeit verfolgen.

062
Vögel füttern im Winter

WENN MAN DIE Vögel in der kargen Winterzeit füttert, besteht eine gute Chance, dass sie auch den Sommer über in Ihrem Garten bleiben werden. Vogelfutter kann man fertig kaufen oder selber mischen. Je nach Vogelart braucht man unterschiedliches Futter, aber die meisten Vögel lieben Sonnenblumenkerne und Nüsse.

Vergessen Sie auch das Wasser nicht, vor allem in regenarmen Perioden oder wenn Sie nur Trockenfutter geben. Öfters nachfüllen, damit das Wasser nicht gefriert.

Welches Futter für welche Vögel?

Hanfsamen für Grünfinken, Buchfinken, Bergfinken, Haussperling, Feldsperling, Kohlmeise, Blaumeise, Sumpfmeise, Weidenmeise, Dompfaff.

Hafer und gekochter, ungesalzener Reis: Haussperling, Goldammer.

Talg, Schmalz, Kokosfett und ungesalzene Butter: Sehr gut für Insektenfresser wie Meisen, Goldhähnchen, Baumläufer, Rotkehlchen und Buntspecht.

Wildvogelsamen, Leinsaat: Haus- und Feldsperling, Finken, Zeisig, Braunellen.

Äpfel, Birnen, Bananen, Vogelbeeren und Mehlbeeren: Geschätzt von Amsel, Star, Mönchsgrasmücke, Rotkehlchen und Seidenschwanz.

Kleine Samen, beispielsweise Hirse, Wildvogelsamen und Leinsamen locken kleine Vögel wie Spatzen, Finken, Stieglitze und Rotkehlchen an.

Weizen und Mais sollte man lieber vermeiden. Sie sind zwar Bestandteil von vielen käuflichen Vogelfuttermischungen, doch eigentlich eignen sie sich nur für Tauben und Fasane, und die würden die kleineren Vögel nur vertreiben.

Haferflocken hingegen sind für sehr viele Vögel eine gute Wahl.

Sonnenblumensamen werden das ganze Jahr über gern genommen und sind sogar beliebter als Erdnüsse. Der Fettgehalt von schwarzen Sonnenblumensamen ist höher als der der gestreiften Sorte und daher noch besser für die Vögel.

Bucheckern: Buchfink, Bergfink und Kleiber.

Erdnüsse im Netz: Fettreiches, beliebtes Futter für Meisen, Spatzen, Zeisige, Grünfinken, Kleiber und Grünspechte. Gesalzene oder geröstete Erdnüsse sollte man vermeiden – am besten kauft man sie im Tierhandel. Das ist zwar teurer, aber die Nüsse sind nahrhafter und enthalten kein Aflatoxin (ein Schimmelpilzgift).

PLANUNG UND KONSTRUKTION

063
Windschutzhecken

EIGENTLICH FÜHLT SICH keine Pflanze in kaltem und windigem Klima richtig wohl. Die Reife verzögert sich, und der Boden wird vom Wind abgetragen. Durch das Anlegen einer effektiven Windschutzhecke schaffen Sie in Ihrem Garten bessere Voraussetzungen für das Gedeihen der Pflanzen.

Bauern im Norden wissen, was der Wind anrichten kann – wenn die Ernte auf sich warten lässt, weil die Pflanzen sich im ständigen kalten Luftstrom nicht richtig entwickeln können (und das auch nur, wenn die Saat nicht von Anfang an praktisch vom Feld geblasen wurde!).

In früheren Zeiten waren die Äcker viel kleiner und umgeben von schützenden Steinmauern, Hecken oder Bäumen. Heute sind die Felder zur besseren Bewirtschaftung zusammengelegt, doch dadurch sind sie nun dem Wind ungeschützt ausgesetzt. Je ebener das Feld, desto größer ist die Gefahr der Bodenabtragung – umso stärker, wenn es auch noch parallel zur Windrichtung liegt. In diesem Fall ist die Pflanzung eines Windschutzes unverzichtbar.

Diese Aufgabe wurde in Mitteleuropa von den traditionellen Wallhecken (in Schleswig-Holstein und Niedersachsen »Knick« genannt) wahrgenommen. In Mecklenburg-Vorpommern sind sie durch die extensive Flurbereinigung zu DDR-Zeiten leider selten geworden. Solche »lebenden Zäune« sorgen auch für höhere Luftfeuchtigkeit, was wiederum die Taubildung begünstigt und die Feuchtigkeit insgesamt länger im Boden hält. Die Pflanzen auf solchen Feldern gedeihen durch das mildere Mikroklima durchweg bedeutend besser.

Windschutzhecken wirken jedoch nicht nur in eine Richtung schützend; nach einer Studie ist die Windeinwirkung bei einem 10 Meter hohen Windschutzwall bis zu 300 Meter dahinter und bereits 100 Meter davor bedeutend schwächer.

Die Heckendichte ist dabei von großer Bedeutung. Eine dichte Hecke zum Beispiel hat eine relativ kleine Lee-Zone mit hohem Windschutzfaktor, während eine mitteldichte Hecke (Durchlässigkeit 35 bis 50 Prozent) einen gleichmäßigen, langgestreckten Windschutzeffekt mit geringer Gefahr von Luftverwirbelungen liefert. Eine offene Hecke hingegen, die nur 35 Prozent des zur Verfügung stehenden Bodens bedeckt (Durchlässigkeit 65 Prozent), bietet nicht genug Windschutz. Es reicht also nicht, drei Bäume nebeneinander zu pflanzen, sondern man braucht zusätzliche »Füllbäume«, um die Hohlräume dazwischen auszufüllen.

Pflanzen Sie windresistente Arten, die keine Probleme damit haben, sich unter diesen Umständen zu etablieren. Eine dichte Pflanzung kann man nach ein paar Jahren entsprechend ausdünnen, um den langsamer wachsenden Arten mehr Licht und Raum zu geben. Pappel und Weißdorn zum Beispiel bilden sehr schnell Wurzeltriebe, die man unterbinden muss, damit sie nicht zu dicht wachsen.

WINDRESISTENTE BÄUME: Schwarzerle (*Alnus glutinosa*), Weißdorn (*Crataegus*), Schwarzkiefer (*Pinus nigra*), Pappel (*Populus spec.*), Stieleiche (*Quercus robur*), Schwedische Mehlbeere (Sorbus intermedia), Rosskastanie (*Aesculus hippocastanum*), Gemeine Esche (*Fraxinus excelsior*), Waldkiefer (*Pinus silvestris*).

WINDRESISTENTE STRÄUCHER UND KLETTERPFLANZEN: Sanddorn (*Hippophaë rhamnoides*), Wildes Geißblatt (*Lonicera periclymenum*), Garten-Geißblatt (*Lonicera caprifolium*), Krüppelkiefer (*Pinus mugo var. Mughus*), Kartoffelrose (*Rosa rugosa*), Roter Holunder (*Sambucus racemosa*), Gewöhnliche Waldrebe (*Clematis vitalba*).

064
Ein Zaun aus Fichtenholz

WENN MAN DIE richtige Qualität nimmt, kann ein Gartenzaun aus Fichtenholz bis zu 25 Jahre halten. Doch es muss wirklich erstklassiges Material sein, zudem braucht ein solcher Zaun kontinuierliche Pflege.

Manche nehmen frisch geschlagenes Holz, während andere es vorziehen, das Holz erst ein Jahr lang unter Dach und ohne Kontakt mit dem feuchten Erdboden zu lagern. Am allerbesten sind Pfähle aus langsam gewachsenem Holz mit schmalen Jahresringen, denn diese sind wesentlich widerstandsfähiger gegen Fäulnis. Ob man Hölzer mit oder ohne Rinde verwendet, ist reine Geschmackssache.

Für einen Zaun wie den abgebildeten braucht man Pfähle und Rundhölzer, die waagerecht zwischen den Doppelpfählen liegen, sowie robuste Weidenruten zum Befestigen der Rundhölzer. Stärkere Weidenruten werden mit einer scharfen Axt oder einem Messer der Länge nach gespalten und dann über dem offenen Feuer gedämpft, um sie biegsam und geschmeidig zu machen.

Der Zaun hält länger, wenn man dafür trockenes Holz verwendet, denn so sitzen die Rundhölzer von Anfang an fest zwischen den Pfählen, ohne nachträglich zu schrumpfen.

Vor dem Einschlagen müssen die zugespitzten Pfähle über dem Feuer gebrannt werden. Durch das dabei austretende Harz wird das Holz wasserdicht.

Anschließend alle zwei bis drei Meter zusätzlich Schrägstützen anbringen, um den Zaun sicher im Boden zu verankern.

SO WIRD'S GEMACHT

Je zwei etwa 2,5 Meter lange Pfosten im Abstand von 8 bis 10 Zentimetern etwa 40 Zentimeter tief in den Boden schlagen. Die Zwischenräume vor dem Einlegen der Rundhölzer mit einem Stein sichern.

Dann werden Rundhölzer zwischen die Pfosten gelegt. Sie sollen möglichst lang sein (gerne 7 bis 8 Meter). Wechseln Sie dabei Rundhölzer mit schmalen und mit dicken Enden ab, damit der Zaun dicht und gleichmäßig wird.

Die Rundhölzer mit Weidenruten befestigen. Achten Sie beim Befestigen darauf, dass das gespaltene Ende der Rute mit der offenen Seite nach innen am Pfosten anliegt. Die Rute mehrmals in Form einer Acht fest um Pfosten und Rundholz winden. Das lose Ende wird durch das Gewicht des nächsten Rundholzes gehalten.

Man braucht nicht jedes Rundholz so zu befestigen, es reicht, wenn man es alle drei Lagen und alle drei Pfosten wiederholt.

Der Zaun wird besonders stabil, wenn man ihn an beiden Enden mit je einem Zaunpfahl abschließt und die Rundhölzer darin verkeilt. Die Pfosten entweder mit einem Betonfundament oder mit vielen (!) kleineren Feldsteinen im Boden verankern und nach Geschmack mit einem breiteren Aufsatz vor Feuchtigkeit schützen.

Der Zaun braucht regelmäßige Wartung: Verrottete Rundhölzer und Pfosten sofort auswechseln, damit sich die Fäulnis nicht weiter ausbreite.

PLANUNG UND KONSTRUKTION

065
Dauerhaft haltbare Holzzäune

DAS KERNHOLZ VON Lärche, Kiefer oder langsam wachsender Fichte ist für Zaunpfähle am besten geeignet. Eiche wäre natürlich auch eine ausgezeichnete Wahl, ist aber leider sehr teuer. Fichtenholz ist ebenfalls gut, solange es auf trockenem Boden langsam gewachsen ist. Ungeeignet für den Zaunbau sind Buche, Esche und Ahorn. Diesen Hölzern fehlt es trotz ihrer Härte an Dauerhaftigkeit.

Einen Weidezaun zum Schutz gegen Wildverbiss oder einen Gartenzaun will man nicht gern alle paar Jahre neu machen müssen. Die allerbeste Lösung gegen Wildverbiss ist immer noch ein klassischer Elektrozaun (siehe S. 131). Er ist billig und effektiv, aber nicht unbedingt die schönste Lösung.

Druckimprägniertes Holz ist weder umweltfreundlich noch verlängert es nachhaltig die Lebensdauer des Zauns. Nehmen Sie stattdessen lieber robustes Kernholz von Lärche oder Kiefer. Kernholz ist der innere, tote Kern des Holzstamms, der durch baumeigene Stoffe wie Harz praktisch wasserdicht versiegelt ist. Dadurch ist es besonders lange haltbar und widerstandsfähig gegen Pilz- und Schädlingsbefall. Große Teile Venedigs wurden übrigens auf Kernholzpfählen erbaut!

Kernholz ist inzwischen seltener geworden, da in der modernen Holzindustrie viel zu schnell geschlagen wird. Erkundigen Sie sich beim Sägewerk oder im Baustoffhandel nach den besten Quellen.

Bei der Eiche sind es vor allem die holzeigenen Gerbstoffe, die das Verrotten des Holzes verhindern.

Im Gegensatz zu gesägten haben behauene Eichenpfosten eine wesentlich wetterfestere Oberfläche, denn das Wasser kann hier abrinnen, ohne in das durch die Säge aufgeraute Holz einzudringen. Dafür ein Ende des Stamms mit der Motorsäge etwa 5 bis 10 Zentimeter tief kreuzweise einkerben. Dann den Stamm auf einen schweren Feldstein oder Felsboden stellen und einen Zahn der Traktorschaufel in eine Kerbe drücken. Den Stamm mit dem ganzen Gewicht des Traktors in der Mitte durchspalten. Dann die Prozedur mit beiden Hälften wiederholen, und Sie haben vier wunderbare Zaunpfosten aus einem einzigen schmalen Eichenstamm gewonnen!

Wenn Sie jedoch weder auf Eichenholz noch überhaupt auf Kernholz Zugriff haben, dann nehmen Sie einfach, was Sie haben. Je trockener das Holz, desto besser. Wenn Sie vor dem Lagern die Rinde entfernen und das zugespitzte Ende mit glühender Kohle versiegeln, ist der Zaunpfosten immer noch haltbar und stabil genug.

Doch egal, aus welchem Holz er besteht: Jeder Zaun muss regelmäßig instand gesetzt werden! Warten Sie nicht erst, bis ein Pfosten völlig verrottet ist, bevor Sie ihn ersetzen.

066
Das rechte Holz
FÜR DEN RECHTEN ZWECK

WENN SIE EINEN bestehenden Hof mit dazugehörigem Wald kaufen, müssen Sie diesen so nehmen, wie er ist. Doch wenn Sie selbst ein Stück Land aufforsten wollen, gibt es vorher einiges zu bedenken.

Zuallererst muss man wissen, wofür man den Wald eigentlich verwenden will. Brauchen Sie Feuerholz oder träumen Sie von einer eigenen Blockhütte? Natürlich dauert es lange Jahre, bis man eigene Stämme fällen kann. Doch selbst ein bestehender Wald kann mit der rechten Pflege eine ganz andere Gestalt annehmen.

Eiche liefert sowohl gutes Brennholz als auch gutes Bauholz, doch sie wächst sehr langsam. Dafür ist der harte Kern sehr widerstandsfähig gegen Fäulnis.

Esche wächst schnell und ausdauernd und liefert ein elastisches Holz, das allerdings für Zaunpfähle gar nicht taugt, da es schnell verrottet. Doch für Türen und Pforten ist es phänomenal, und mit der richtigen Behandlung halten diese jahrelang Wind und Wetter stand. Sie brauchen nur gelegentlich einen Anstrich mit Teaköl, um der Feuchtigkeit besser Paroli zu bieten.

Für Zaunpfosten ist neben der eben erwähnten Eiche die Lärche am besten; vor allem, wenn man sie von Zeit zu Zeit mit Teaköl behandelt (siehe dazu auch Seite 147).

Durch dichte Pflanzung (etwa 1,50 m Abstand zueinander) erhalten Sie lange, gerade Stämme, die für alle möglichen Dinge gut zu gebrauchen sind. Beginnen Sie mit dem ersten Beschnitt erst, wenn die Bäume so groß sind, dass diese bereits brauchbares Brennholz und Rundhölzer liefern. Größere Bäume (aus der Baumschule) im Spätherbst pflanzen, damit sie Zeit haben, sich langsam an die neue Umgebung zu gewöhnen. Man kann Bäume übrigens durchaus auch aus Samen ziehen.

Halten Sie Unkraut von den Jungpflanzen fern, denn diese schätzen Konkurrenz nicht besonders. Schweine sind ideal für Baumschonungen, denn sie lockern den Boden auf, düngen ihn und halten das Dickicht kurz, ohne den frisch gepflanzten Bäumen zu schaden.

Gedüngt wird nur bei Bedarf mit Kalium, Phosphor und Kalk, ansonsten sollte man den Wald sich selbst überlassen. Wenn Sie Stallmist übrig haben, können Sie den Boden damit aufbereiten, bevor Sie junge Bäume pflanzen.

Fällen Sie einen Baum, sowie Sie Verwendung dafür haben, und pflanzen dann sofort einen neuen. Es ist besser, hier und da auszulichten, statt in einem Waldstück einen totalen Kahlschlag zu verursachen. Vermeiden Sie es nach Möglichkeit, mit schweren Maschinen zu arbeiten, denn das wühlt den Boden auf und verstört die umgebende Fauna. Wenn es irgendwie geht, sind Arbeitspferde die weitaus bessere Alternative.

Lassen Sie große Bäume stehen und schlagen lieber kleinere dazwischen heraus, wenn gelichtet werden muss. Eine Mischung aus Laub- und Nadelbäumen schafft einen angenehmeren Lebensraum für Pflanzen und Tiere gleichermaßen – und nicht zuletzt für Sie selbst, denn so ein Pausenpicknick im eigenen Wäldchen ist doch eine herrliche Sache!

067

Trockensteinmauern

PRAKTISCH UND HALTBAR

TRADITIONELL VERWENDETE MAN in felsigen Gegenden Trockensteinmauern, um Tiere einzufrieden und von den Äckern fernzuhalten. Sie waren vor allem darum die beste Methode, weil man so auch das lose Gestein von den Äckern fortschaffen und auf nützliche Weise wiederverwenden konnte. In manchen Gegenden, vor allem in Nordeuropa, liegt soviel Gestein herum, dass man beispielsweise die von den Feldern gelesenen Steine um die Findlinge herum aufschichtete, die man nicht fortbewegen konnte.

Heute wird das nicht mehr oft praktiziert, aber wenn Ihre Äcker sehr steinig sind, ist das eine gute und vor allem attraktive Sache und den Arbeitseinsatz sehr wohl wert.

Vor allem muss so eine Mauer richtig geplant werden. Die größten Steine kommen nach unten, damit die Mauer sicher im Boden verankert ist. Und für substanzielle Mauern braucht man sehr viele Steine!

Der Boden darunter soll gut durchlässig sein; bei feuchtem Boden muss man also erst einmal gute Drainagemöglichkeiten schaffen. Mutterboden muss etwas ausgeschachtet werden, damit die Mauer nicht ins Rutschen geraten kann. Achten Sie darauf, bis unter die Frostgrenze auszuschachten, denn durch Frosteinwirkung können die Steine mit der Zeit bersten.

SO WIRD'S GEMACHT

1. Zuerst wird eine stabile Sohle für die Mauer angelegt. Diese muss im richtigen Verhältnis zur geplanten Mauer stehen; lieber eine breite Sohle für eine schmalere Mauer als umgekehrt!
2. Kleine Steine in die Zwischenräume der Sohle und auch rundherum aufschichten. Man kann dafür auch Schotter verwenden, der dann mit einem Rüttler verdichtet wird.
3. Nun kann mit dem Bau der eigentlichen Steinmauer begonnen werden:
4. Die erste Steinschicht muss unter Bodenniveau liegen, damit die Mauer stabil wird.
5. Beginnen Sie mit den größten Steinen und arbeiten Sie sich allmählich nach oben vor. Die Mauer soll sich nach oben ein wenig verjüngen, sodass sie nicht umkippen kann.
6. Vermeiden Sie Bauschutt und Zementblöcke, denn diese können im Laufe der Zeit zerfallen und die Mauer destabilisieren. Alle Steine müssen gut miteinander verkeilt werden. Soll sich in der Mauer eine Pforte befinden, verankern Sie die Torpfosten zuerst tief im Gestein und schichten dann die Mauer dagegen auf.
7. Versuchen Sie, die Steine so aufzuschichten, dass der flachste Teil jeweils nach außen zeigt; dadurch bekommt die Mauer ein harmonischeres Aussehen.
8. Der obere, sichtbare Teil der Mauer muss so stabil sein wie möglich: Alle Steine sollen sicher und unverrutschbar auf der jeweils unteren Schicht aufliegen. Je breiter das Fundament ist, desto sicherer steht auch die Mauer. Eine sachgemäß aufgebaute Mauer hält viele Generationen lang.

Wie hoch die Mauer sein soll, ist Geschmackssache. Doch wenn man sich schon die Mühe macht, sollte sie mindestens einen Meter hoch werden.

068
Kopfsteinpflaster selbst verlegen

KAUM ETWAS IST so dauerhaft und attraktiv wie ein Gartenweg oder Vorplatz aus Kopfsteinpflaster. Natürlich wird mit der Zeit Unkraut in den Zwischenräumen wachsen, doch mit der richtigen Pflege hält so ein Kopfsteinpflaster eine Ewigkeit.

Ein Kopfsteinpflaster anzulegen ist weder schwer noch teuer, doch natürlich eine ziemliche Knochenarbeit. Man muss je nach Umfang des Projekts schon mit ein paar Wochen Arbeitszeit rechnen. Daher ist es wichtig, dass Sie vor Arbeitsbeginn alles Notwendige am Platz haben. Es ist auch nicht verkehrt, einen kleinen Bagger zu mieten.

Schauen Sie zunächst, in welche Richtung das Regenwasser abläuft. Haben sich an der geplanten Stelle in der Vergangenheit Pfützen gebildet oder läuft das Wasser von selbst ab? Es lohnt sich, nach dem Ausschachten des Untergrunds eine Drainageschicht anzulegen und Fallrohre und Siele mit Steinen zu ummauern.

So ein Kopfsteinpflaster ist zwar schön, aber nicht gerade bequem für die Füße. Lassen Sie daher auf Treppen und Gartenwegen besondere Sorgfalt walten – je ebener die Oberfläche, desto sicherer und bequemer ist der Weg.

Auf dem Land ist es meist nicht schwer, genügend Steine für ein solches Projekt zusammenzubekommen. Vielleicht hat der Nachbar welche übrig oder es befinden sich alte Steinhaufen in der Nähe. Man sollte sich jedoch niemals ungefragt bei Steinhaufen oder alten Feldsteinmauern bedienen. Ansonsten kann man auch im Baustoffhandel geeignetes Material kaufen. Rechnen Sie je nach Größe der Steine eine Tonne Feldsteine für 2 bis 4 Quadratmeter Kopfsteinpflaster.

SO WIRD'S GEMACHT

1. Zuerst den Boden 15 bis 20 Zentimeter tief ausschachten. Der Unterboden muss so eben wie möglich sein, das heißt, Steine, Wurzeln und Unkraut müssen entfernt werden. Eine durchlässige Gartenfolie verhindert, dass das Kiesbett in den Boden einsinkt, und hält das Unkraut fern.
2. Dann ein bis zu 12 Zentimeter tiefes Bett aus Grobkies anlegen. Wenn es geht, bitten Sie den Lieferanten, den Kies direkt an Ort und Stelle zu schütten, dann sparen Sie sich das mühsame Hin- und Herfahren mit der Schubkarre.
3. Den Kies nach Möglichkeit mit einem Rüttler verdichten.
4. Dann wird eine etwa 5 Zentimeter dicke Schicht Verlegesand aufgebracht, in den die Steine gebettet werden. Denken Sie daran, dass die Steine alle unterschiedlich groß sind – die Oberfläche des Weges soll so eben wie möglich sein. Die flache Seite der Steine sollte also nach oben zeigen. Legen Sie zunächst die Konturen von Baumstämmen oder Wegrändern nach und arbeiten sich dann zur Mitte vor. Die Steine mit einem Gummihammer fixieren und auch dabei die Wasserwaage zu Hilfe nehmen. An manchen Stellen muss man ein wenig Sand wegnehmen und an anderen Stellen hinzufügen, damit die Oberfläche so plan wie möglich wird. Sortieren Sie Steine, die zu groß sind, aus.
5. Zuletzt eine Schicht Fugensand mit dem Besen über das Pflaster kehren und das Ganze mit dem Gartenschlauch wässern, sodass sich der Sand verdichtet. Nach Bedarf noch einmal mit dem Rüttler (mit einer Gummimatte darunter) verdichten.

TIPP

Verwenden Sie niemals Pflanzengifte auf Kopfsteinpflaster. Besser ist es, das Unkraut mit einem Rasentrimmer ganz kurz abzuschneiden, gern so tief wie möglich zwischen den Steinen.

PLANUNG UND KONSTRUKTION

069
Regenwasser ableiten

DAMIT SAAT GUT gedeiht, muss der Boden gut durchlässig sein. Auf schwerem, lehmigem Boden und in Talsenken, wo das Wasser schlecht oder gar nicht ablaufen kann, haben es Pflanzen schwer. In solchen Fällen muss für eine gute Drainage gesorgt werden, nicht zuletzt, damit auch Sie den Boden besser bearbeiten können.

Feuchter Boden ist generell schwer und schlecht zu bearbeiten. Die Ernte verzögert sich, und die Feld- und Gartenarbeit stellen hohe Anforderungen an Mensch und Maschinen. Bei der Drainage geht es in erster Linie um die Senkung des Grundwasserspiegels. Am effektivsten ist es dabei, erst einmal Wasserquellen, die den Boden mit überflüssiger Feuchtigkeit versorgen, zu verlegen, zum Beispiel, indem man das Wasser durch einen Graben zu einem naheliegenden Bach führt oder ein Kanalisationsrohr verlegt, das das Wasser vom Feld wegleitet. Je schwerer der Boden, desto mehr Drainagerinnen brauchen Sie.

Normalerweise ist es schwerer, lehmiger Boden, der trockengelegt werden muss. Aber nur, weil bei Ihnen Sandboden vorherrscht, bedeutet das nicht automatisch, dass hier der Boden niemals zu feucht wird. Wenn Sie auf diesem Sektor wenig Erfahrung haben, ist es immer besser, sich Rat vom Fachmann zu holen.

Die beiden gängigsten Drainagemethoden sind Entwässerungsgräben und Kanalisationsrohre. Ein offener Graben ist die einfachste Lösung, auch wenn er in lockerem Boden schnell verschlammt.

Wie tief genau ein Graben sein muss, ist schwer zu sagen. Hier gilt wie so oft: Versuch macht klug. Das Wasser sollte idealerweise nicht höher steigen als etwa 50 Zentimeter unter Bodenniveau, noch besser ist jedoch ein bedeutend niedrigerer Wasserspiegel. Wenn Sie die Möglichkeit haben, diesen auf einen Meter unter Bodenniveau zu senken, umso besser.

Denken Sie daran, dass offene Gräben regelmäßig gereinigt und mindestens alle zehn Jahre neu gezogen werden müssen.

Ein gedeckter Graben oder Abflusskanal führt das Wasser durch ein Kanalisationsrohr in einen Auffangbehälter oder ein Ablaufsystem ab. Im Gegensatz zum offenen Graben braucht ein Abflusskanal kaum Wartung. Er muss nur tief genug liegen, damit er durch die Ackerbaugeräte keinen Schaden nehmen kann. Achten Sie auf ausreichendes Gefälle, sonst besteht die Gefahr, dass das Rohr im Laufe der Zeit zuschlämmt. Eine Verstopfung erkennt man daran, dass sich am Einlauf Wasser ansammelt. Da hilft leider nur Ausgraben und Neuverlegen des Rohrs.

Wenn Sie es ablehnen, Plastikrohre zu verlegen, gibt es Alternativen, zum Beispiel aufeinandergelegte halbrunde Dachziegel (Mönch und Nonne) oder Tonrohre. Man kann den ausgehobenen Graben auch mit Feldsteinen füllen, über die das Wasser abläuft. Doch all diese Alternativen brauchen wesentlich mehr Wartung und müssen öfter erneuert werden.

070
Dächer aus Naturmaterialien

EIN REETDACH (auch Rohr- oder Schilfdach) ist ein prachtvoller Anblick, doch lange Zeit galt diese traditionelle Dachform als vom Aussterben bedroht. Inzwischen jedoch ist das alte Handwerk in Skandinavien und Norddeutschland wieder groß im Kommen.

Schilfrohr wächst auf nassem, sumpfigem Boden und hat daher Strategien entwickelt, dem hohen Wasserdruck in den Zellen standzuhalten. Die Halme sind äußerst langlebig, wetterbeständig und wasserabweisend und durch ihre Dämmwirkung ein ideales Deckmaterial für Dacheindeckung. Reet ist dauerhaft, elastisch und stoßfest und nimmt keine Feuchtigkeit auf, wodurch es auch nur sehr langsam verrottet.

Ein Reetdach kann man unbesorgt betreten, ohne es zu beschädigen. Es sorgt für natürlichen Luftaustausch, so dass man im Haus weniger zu lüften braucht. Ein 25 bis 35 Zentimeter dickes Reetdach entspricht einer 10 Zentimeter dicken synthetischen Dämmung und wiegt dabei nur 35 Kilogramm pro Quadratmeter. Man kann im Prinzip jedes Dach mit Reet decken, solange es ein Mindestgefälle von 45 Grad hat.

Obwohl ein klassisches Reetdach bis zu 50 Jahre lang hält, besteht der Dachfirst je nach Region aus anderem Material und muss daher öfter ersetzt werden. Auch Dachgauben brauchen mehr Wartung. Ein Reetdach ist normalerweise recht schnell gedeckt und meist auch nicht unverhältnismäßig teuer. Die Fertigung von Reetdächern ist jedoch je nach Region und bevorzugter Technik unterschiedlich und unterliegt stets strengen Brandschutzverordnungen.

Auch wenn es Sie reizt, sollten Sie sich keineswegs selbst an die Arbeit machen. Dies ist eine Arbeit für hocherfahrene Fachleute!

ANDERE NATÜRLICHE DACHEINDECKUNGEN
Sedumdächer oder Grasdächer sind eine gute Alternative für Flachdächer. Aber auch hier sollte man auf fachkundigen Rat (etwa eines Dachgärtners) nicht verzichten!

071
Einen Erdkeller bauen

EIN ERDKELLER IST eine im Erdreich versenkte Lagerstätte für Lebensmittel, die über ausgezeichnete raumklimatische Eigenschaften verfügt. Das Milieu ist kalt, aber frostfrei, und dennoch herrscht bei niedriger Luftzirkulation eine hohe Luftfeuchtigkeit. Gut gebaut, hält ein solcher Erdkeller die Raumtemperatur über das ganze Jahr konstant bei 3 bis 8 °C, was den Reifeprozess von Gemüse wie Kohl, Kartoffeln und Wurzelgemüse und von vielen Obstsorten fast vollständig zum Stillstand bringt. Manche dieser alten Keller sind jedoch im Winter ein wenig zu kalt, aber diesem Makel kann man mit der richtigen Isolierung abhelfen. Dafür verwendet man in der Regel entweder Mutterboden oder Styropor.

Es stehen mehrere Möglichkeiten zur Auswahl. Dabei ist zunächst zu klären, was hier gelagert werden und welche Größe diese zusätzliche Speisekammer haben soll.

Bau einer einfachen Variante aus einer Wäschetrommel

Am einfachsten lässt sich eine solche unterirdische Speisekammer mit Hilfe einer rostfreien Waschmaschinentrommel realisieren. Dazu ist ein Erdloch auszuheben, das größer als die Trommel ist. Der Boden wird soweit mit Sand aufgefüllt, dass die Trommel nach dem Einsetzen einige Zentimeter über den Rand der Grube hinausragt. Auch der Raum um die Waschtrommel herum sowie der Trommelboden werden mit Sand gefüllt.

Der Deckel besteht aus zwei mit zwei Dachlatten verschraubten Brettern, die kreisförmig zugeschnitten werden, so dass sie auf die Öffnung der Wäschetrommel passen. Eine weitere Dachlatte wird auf der Konstruktion verschraubt und dient als Griff. Zur Isolation und als Frostschutz sollte man Noppenfolie zwischen Trommel und Deckel einbringen.

SO WIRD'S GEMACHT

Am günstigsten legt man einen Erdkeller in einem Hang an. Wenn das nicht möglich ist, wird (mit dem Bagger) dafür eine Grube ausgehoben. Erkundigen Sie sich vorher, ob man in Ihrer Gemeinde dafür eine Baugenehmigung braucht. Setzen Sie die örtliche Baubehörde in jedem Fall vorher von Ihrem Vorhaben in Kenntnis, die Ihnen wichtige Auskünfte geben oder Sie mit einem Fachmann in Verbindung setzen kann.

Die Eingangstür Ihres Erdkellers sollte nach Norden oder Osten weisen, damit so wenig Sonnenwärme wie möglich eindringen kann. Ein gemauerter Erdkeller braucht ein solides, gut isoliertes Fundament. Soll der Keller auf einem Betonfundament stehen, kommt darauf ein Ziegelboden oder eine Schicht Grobkies, damit die Bodenfeuchtigkeit abgeleitet wird. Das beste Material für die Wände sind Gasbetonblöcke. Vergessen Sie nicht den Stromanschluss für Kellerbeleuchtung und zusätzliche Klimaanlage (wenn nötig). Die Tür muss wasserdicht sein, damit sie nicht anschwillt und dadurch verklemmt. Achten Sie darauf, dass Ratten und andere Schädlinge keine Möglichkeit haben, in den Keller einzudringen.

Das Dach sollte aus bewehrtem Beton bestehen, um dem Druck des zum Abdecken benutzten Mutterbodens (normalerweise eine 70 bis 110 Zentimeter dicke Schicht) standzuhalten. Den Boden zur Festigung mit Gras oder Sukkulenten bepflanzen.

Inzwischen kann man übrigens auch vorgefertigte Erdkeller aus Beton oder Fiberglas kaufen.

072
Ein unterirdischer Kühlschrank
AUS BETONRÖHREN

FÜR EINE EINFACHERE Variante eines Erdkellers lässt man einfach ein Betonrohr in den Boden ein. Es muss allerdings rundherum gut isoliert werden. Der Boden wird mit Stroh oder Heu bedeckt, dann können Obst und Gemüse darin eingelagert werden.

Der Durchmesser des Rohrs richtet sich nach der Menge der Nahrungsmittel, die Sie dort lagern wollen. Es darf nicht zu groß sein, denn dann wird es schwierig, die Temperatur in kalten Wintern über dem Gefrierpunkt zu halten. Sie brauchen dafür einen trockenen Platz mit guter Drainage, gern in der Nähe des Hauses, um die höhere Bodentemperatur dort auszunutzen. Bauen Sie den Minikeller am Besten im Frühling, wenn das Grundwasser am höchsten steht, damit absolut sichergestellt ist, dass kein Wasser in den Boden eindringen kann. Alternativ kann man in einigem Abstand ein Drainagebecken aus Stein anlegen und durch einen Ablaufschlauch mit der Betonröhre verbinden.

Der Deckel muss von innen gut isoliert sein, damit die Kälte nicht von oben eindringt. Wenn der Deckel nicht fest schließt, montieren Sie ein breiteres Betonrohr darüber und schließen dieses mit einem handelsüblichen Kanaldeckel aus Gusseisen.

Ein kleines Lüftungsrohr mit 2 bis 3 Zentimetern Durchmesser im Deckel ist ebenfalls eine gute Idee. Im Winter muss der Deckel des Mini-Erdkellers oben zusätzlich isoliert werden.

Dann kann man den Erdkeller mit Lebensmitteln füllen. Trennen Sie dabei Obst und Gemüse, denn vor allem das von den Äpfeln ausgesonderte Ethylen beschleunigt die Reifung der anderen Feldfrüchte.

Gut für die Lagerung im Erdkeller geeignet sind Lauch, Mohrrüben, Kartoffeln, Pastinaken und sogar Kürbisse und Kohl (der eine Luftfeuchtigkeit von 90 bis 95 Prozent und Temperaturen um 0 °C bevorzugt). Den Kohl in einem Pappkarton oder Jutesack lagern. Wenn Sie Obst und Gemüse aus dem Erdkeller nehmen, füllen Sie den entstandenen Hohlraum mit Stroh auf.

Auch im Sommer kann man den Erdkeller prima als Extra-Lagerraum verwenden.

073
Erste Hilfe

FÜR DEN NOTFALL

EIN GUT AUSGESTATTETER Verbandskasten und ein erfolgreich absolvierter Kurs in Erster Hilfe sind manchmal entscheidend, wie mit einer Verletzung umgegangen werden kann: Selbsthilfe, ärztliche Ambulanz oder, im schlimmsten Fall, der Weg ins Krankenhaus.

Deponieren Sie Verbandskästen überall dort, wo leicht Unfälle passieren können – im Stall, in der Werkstatt und im Wohnhaus. Im Auto muss sich ohnehin immer ein Erste-Hilfe-Kasten befinden.
Es ist außerdem unbedingt zu empfehlen, einen Kurs in Erster Hilfe und im Gebrauch eines Defibrillators zu absolvieren sowie die nötigen Auffrischungskurse im Blick zu behalten.
Verbandskästen gibt es in großer Auswahl zu kaufen, daher kann man für jeden Ort die passende Größe anschaffen. Am einfachsten ist es, fertig bestückte Verbandskästen zu kaufen, doch Sie können Ihren Bedarf auch selbst zusammenstellen. Denken Sie daran, dass alle Familienmitglieder wissen müssen, wo sich die Kästen befinden!
Kleiner Kasten: Desinfektionsmittel, Pflaster, Notverband, Kompressen in verschiedenen Größen, medizinisches Pflaster und Elastikverband.
Großer Kasten: Desinfektionsmittel, Pflaster, medizinisches Pflaster und Klammerpflaster (für klaffende Wunden, die nicht genäht werden müssen), Dreieckstuch, Elastikverband in verschiedenen Breiten, Kompressen, Schere, Notverband, Latex-Handschuhe, Wundpflaster (das nicht in der Wunde kleben bleibt), Brandwundenkompressen und eine gute Erste-Hilfe-Anleitung. Es empfiehlt sich auch ein Mundschutz, wenn Sie einmal Mund-zu-Mund-Beatmung vornehmen müssen.

KLAFFENDE WUNDEN Die Wunde mit Wasser und Seife abtupfen; Desinfektionsmittel ist nicht immer notwendig. Die Wunde mit Klammerpflaster schließen. Bei größeren Wunden oder Gesichtsverletzungen müssen Sie unverzüglich einen Arzt aufsuchen.

WESPEN- UND BIENENSTICHE Wenn der Stachel noch in der Wunde sitzt, kann man versuchen, ihn vorsichtig mit der Pinzette zu entfernen. Die Schwellung mit Aloe-Vera-Gel oder kalten Kompressen lindern. Bei allergischen Reaktionen (Nesselsucht/Urtikaria) oder Irritationen der Atemwege den Arzt verständigen, bei Atembeschwerden umgehend den Notarzt rufen.

NASENBLUTEN Ruhig hinsetzen und Daumen und Zeigefinger fest auf die Nasenwurzel pressen. Beugen Sie sich nach vorn, keinesfalls nach hinten, da das Blut dadurch in den Rachen rinnen und Erstickungsanfälle auslösen kann. Wenn Sie häufig von Nasenbluten betroffen sind, gibt es dafür in der Apotheke einen speziellen Gelatineschwamm zu kaufen. Es hilft auch, Baumwollwatte in die Nasenlöcher zu stopfen, das vorher mit Speiseöl oder Vaseline befeuchtet wurde.

PLANUNG UND KONSTRUKTION

VERSTAUCHUNGEN Die verstauchten Gliedmaßen so schnell wie möglich hochlegen und kühlen, um Schwellungen und Entzündungsreaktionen zu dämpfen. Einen elastischen Kompressionsverband straff anlegen, nach 10 Minuten abnehmen und eine Weile warten. Diesen Vorgang 2 bis 3 Mal wiederholen. Danach den Verband wieder anlegen, jedoch weniger straff als zuvor. Sitzt er zu straff, tut es sehr schnell weh. In diesem Fall den Druck sofort vermindern, damit das Blut frei zirkulieren kann. Einen Arzt aufsuchen, um schwerere Verletzungen auszuschließen.

FREMDKÖRPER IM AUGE Häufig blinzeln, um die Tränenproduktion anzuregen. Wenn die Tränenflüssigkeit den Fremdkörper nicht ausschwemmen kann, das Auge mit klarem Wasser ausspülen. Bei Verätzungen oder wenn der Fremdkörper aus Holz, Metall, Mineralwolle o. ä. besteht, sofort ins Krankenhaus fahren. Verätzungen unverzüglich mit soviel Wasser wie möglich ausspülen und das auch während der Fahrt ins Krankenhaus fortsetzen. Wenn Sie allein sind, rufen Sie unbedingt den Notarzt.

074
Ställe und Schuppen instand setzen

ALTE BAUERNHÖFE HABEN oft eine Menge Nebengebäude. Lassen Sie sich Zeit beim Renovieren und geben Sie dabei Ihr Geld zunächst vor allem für die wichtigen, den Bestand sichernden Dinge aus – ein gutes Fundament, ein solides Dach und wetterfeste Fenster.

FUNDAMENT Das Fundament muss stabil und trocken sein. Machen Sie nicht den Fehler, einen alten Steinboden durch Beton zu ersetzen. Viele Steinböden wurden im Laufe der Jahre mit Beton ausgebessert. Doch Beton ist spröde und bekommt daher leicht Risse. Verwenden Sie lieber Kalkbruch, denn dieser ist elastischer als Beton und reißt beim Schrumpfen nicht so schnell ein.

Wenn sich seitlich ein Stein des Fundaments gelöst hat, kann man ihn mit einem Stemmeisen wieder in seine ursprüngliche Position hebeln. Bei einem Eckstein allerdings müssen Sie womöglich den Wagenheber einsetzen.

Bessern Sie offensichtliche Schadstellen aus, lassen aber sonst Zurückhaltung walten. Alte Steinböden sind selten in so schlechtem Zustand, wie der Augenschein vermuten lässt! Hier sind auch selten so aufwendige Drainagearbeiten notwendig wie bei einem unterkellerten Wohnhaus. Alte Höfe stehen normalerweise ohnehin auf einem trockenen Platz mit guter Regenwasserableitung. Bei Schuppen und Nebengebäuden muss man nur sichergehen, dass die Regenrinnen in gutem Zustand sind und das Wasser entweder in eine Zisterne geleitet wird oder durch Siele und Kanalisationsrohre vom Grundstück wegläuft.

BAUKÖRPER Vermeiden Sie es, in alten Holzhäusern ganze Balken auszuwechseln und beschränken Sie sich stattdessen auf die beschädigten Partien. Sichern Sie Dach und Wände rundherum durch Stützen gut ab. Die beschädigten Teile nicht einfach gerade heraussägen, sondern den Ersatzbalken sicher und rutschfest durch schräge Überblattung mit der alten Bausubstanz verbinden.

Holen Sie sich Rat bei einem Fachmann und gehen Sie vor allem der Ursache für das durchgefaulte Holz genau nach.

DACH Überprüfen Sie Dächer auf Schadstellen und verrutschte Dachpfannen. Ist die Dachpappe alt und brüchig oder der Holzuntergrund schadhaft? Es mag ratsam sein, die Dachpappe komplett auszuwechseln, doch das A und O für ein dichtes Dach sind immer noch intakte Dachpfannen. Kaputte Dachpfannen müssen unbedingt durch neue ersetzt werden. Selbst alte Modelle kann man sehr wahrscheinlich im Baustoffhandel nachkaufen. Wenn Sie eine Reihe alter Nebengebäude mit maroden Dächern reparieren müssen, ist oft Wellblech die günstigste Alternative. Auch hier kann es ratsam sein, sich fachlichen Rat zu holen.

ANSTRICH Das traditionelle Schwedenrot (ein in Skandinavien häufig zu findender ochsenblutroter Anstrich aus Mineralschlamm) ist inzwischen auch hier als eine preiswerte, natürliche und vor allem dauerhafte Alternative sehr beliebt. Und vor allem für Holzgebäude ist das Schwedenrot eine gute Wahl, insbesondere für unbehandeltes Holz.

FENSTER Ersetzen Sie bei ansonsten intakten Fenstern den alten Fensterkitt durch Leinölkitt. Nach dem Entfernen der alten Farbe werden die Rahmen mit Leinölfarbe gestrichen. Eine Fensterbank mit Gefälle und einer Nuteinlassung an der Unterseite sorgen dafür, dass das Regenwasser nicht an der Fassade herunterläuft.

075
Einen Stall selbst bauen

EIN ALTES, LEERSTEHENDES Nebengebäude lässt sich oft ohne allzu viel Aufwand in einen zweckmäßigen Stall umbauen. Vielleicht schaffen Sie dadurch so viel Platz, dass Sie noch zusätzlich Tiere in Pension nehmen können – ein willkommener Nebenverdienst!

In traditionellen Viehställen befindet sich oft eine in den Boden eingelassene Güllerinne, die man heute jedoch nicht mehr verwendet. Am einfachsten ist es, die Rinne mit Steinen und Sand zu füllen und dann darüber eine 8 bis 10 Zentimeter dicke Betonschicht zu gießen. Auch die Futterrinne kann man auf diese Weise beseitigen, es sei denn, sie ist wesentlich höher als der Fußboden. Dann muss man eben damit leben.

Die Boxen sollen lieber zu groß als zu kein sein. Man kann sie entweder selber bauen oder vorgefertigte Konstruktionen im Fachhandel kaufen. Vergessen Sie nicht Strom- und Wasseranschluss sowie Abwasserkanäle. Investieren Sie außerdem unbedingt in einen Fehlerstromschutzschalter!

Die Größe der Boxen richtet sich nach der Größe der Tiere, die darin stehen sollen. Hier ist es besser, große Boxen anzulegen, die sich für viele Tierarten eignen, als zu kleine.

Es gibt gesetzlich vorgeschriebene Mindestmaße für Viehställe. Abgesehen von der Boxengröße geht es hier um die Dachhöhe, also den Abstand zwischen Boden und Dachinnenseite. Die Maße beziehen sich auf die Tierhaltung im großen Stil; es hält Sie selbstverständlich nichts davon ab, Ihren Tieren einen großzügigeren Platz einzuräumen! Erkundigen Sie sich nach den gesetzlichen Vorschriften.

Inzwischen kann man Boxen als Bausatz kaufen, in erster Linie für Pferde, jedoch auch für Schafe, Schweine und Ziegen. Erkundigen Sie sich beim Hersteller, was es kostet, den Bausatz auf Ihre Bedürfnisse anzupassen. Es kann preiswerter sein, gleich die richtigen Maße zu bestellen, als sie hinterher von Hand anzupassen.

STÄLLE UND ANDERE NEBENGEBÄUDE

STÄLLE UND ANDERE NEBENGEBÄUDE

076
Einen Hühnerstall selbst bauen

EGAL, OB SIE nur Selbstversorger sind oder Ihre Hühnereier weiterverkaufen wollen: das Federvieh braucht ein Hühnerhaus. Bauen Sie es so groß wie möglich, vor allem, wenn längere Zeit Hühner halten wollen.

Hühner fühlen sich eigentlich überall wohl, in großen Gehegen ebenso wie auf kleinem Raum. Man rechnet für 3 Hühner etwa einen Quadratmeter. Außerdem muss der Boden mit einer dicken Einstreu aus Stroh, Erde oder Sand bedeckt sein, damit die Hühner nach Herzenslust darin scharren können. Hühner picken auf, was ihnen vor den Schnabel kommt. Wenn Sie also nicht den typischen freigescharrten Boden haben wollen, brauchen Sie ein richtig großes Gehege oder die Möglichkeit, dieses regelmäßig zu verlegen.

Ein Hühnerstall soll vor Zugluft geschützt, nicht zu dunkel und vor allem leicht zu reinigen sein. Ein Betonboden mit eingelassenem Trinkbrunnen ist am praktischsten. Große Fenster lassen das Tageslicht hinein und schützen gleichzeitig vor Schädlingen, die sich in dunklem, feuchtem Milieu leicht verbreiten. Über Nacht muss der Stall unbedingt abgeschlossen werden, um die Tiere vor Füchsen, Mardern oder Iltissen zu schützen.

So wird's gemacht

Das Gerüst aus Kanthölzern von 45 mal 95 Millimetern bauen und direkt mit der Betonsohle verschrauben. Außen mit Holz verschalen und innen mit Rigips oder Sperrholz verkleiden. Das Dach kann je nach Geschmack mit Wellblech oder Dachpfannen gedeckt werden. Denken Sie daran, Wände und Decke zu isolieren, damit es die Hühner im Winter im Stall warm haben. Es empfiehlt sich, Türen und Fenster so zu konstruieren, dass sie im Sommer durch Draht ersetzt werden können. Montieren Sie Einstiegsluken ein Stück über dem Bodenniveau, weil die Hühner beim Ein- und Ausgehen sonst die Streu hinaustragen. Die Lüftungsklappen nicht in der Nähe der Sitzstangen oder der Nester anbringen.

Die Eingangstür soll so breit sein, dass Sie mit der Schubkarre hindurchkommen. Planen Sie auch die Deckenhöhe so, dass Sie aufrecht im Hühnerhaus arbeiten können. Sie brauchen evtl. einen Stromanschluss für die Innenbeleuchtung und für Wärmelampen, falls Sie selbst Küken haben wollen (eine Brutmaschine ist eine feine Sache!). Wasseranschluss und -ablauf sind ebenfalls praktisch.

RICHTLINIEN Jedes Huhn muss Zugang zu einer eigenen Sitzstange haben; diese soll im oberen Drittel des Stalls angebracht sein. Für jedes Huhn veranschlagt man 20 bis 30 Zentimeter Platz. Die Stange soll möglichst rund und mindestens 50 Millimeter dick sein. Es empfiehlt sich, darunter ein Kotbrett zu installieren, damit die Streu nicht beschmutzt wird. Die Nester werden möglichst hoch angebracht, für je 5 Hühner rechnet man mindestens ein Nest, doch legen Sie nach Möglichkeit mehrere an. Hühner brauchen außerdem genug Platz für das Sandbad sowie einen Futter- und Wasserautomaten.

NESTER Es lohnt sich, die Nester innen mit einem Karton auszukleiden, denn dann kann man zum Reinigen einfach den Karton auswechseln. Auf den Boden kommt eine Schicht Heu und darüber eine Schicht Stroh. Im Gegensatz zum restlichen Hühnerhaus darf es hier gerne dunkel sein. Es gibt auch sogenannte Europanester zu kaufen, die hinten mit einer automatischen Klappe versehen sind, sodass sich die Hühner nicht gegenseitig ins Gehege kommen. Für die Hühnerhaltung in großem und kleinem Stil gibt es unterschiedliche Richtlinien. Erkundigen Sie sich bei örtlichen Hühnerzuchtverbänden oder den zuständigen Ämtern und Behörden.

077
Außentoiletten

AUSSENTOILETTEN EIGNEN SICH besonders für sehr abgelegene Gärten und für den Außenbereich von Hütten. Es gibt eine Menge umweltfreundlicher Lösungen, ohne dass man dafür die Kanalisation ausbauen muss.

KOMPOSTTOILETTE Die einfachste Variante und die einzige Toilette, die selbst kompostiert. Urin und Feststoffe werden in einem Behälter gesammelt, der sich entweder über oder unter der Erde befindet. Im besten Fall erhält man am Ende gebrauchsfertigen Kompost, schlimmstenfalls wird daraus jedoch ein übelriechender Fliegenmagnet. Man braucht den Kompostbehälter nicht in die Erde einzulassen, denn die Sonnenwärme kann bei der Verbrennung helfen. Sorgen Sie vor allem für ausreichende Lüftung.

TRENNTOILETTE Dieses System ist bedeutend besser als das der Komposttoilette, denn Urin und Feststoffe werden hier getrennt gesammelt. Dadurch riecht es auch weniger unangenehm. Der Urin kann mit Wasser zu Dünger (Goldwasser, siehe S. 42) verdünnt werden. Die Feststoffe werden in einem separaten Behälter gesammelt und müssen anschließend kompostiert werden (siehe weiter unten).

STREUTOILETTE Eine kostengünstige Lösung. Manche Modelle brauchen keine Installation und sind sofort betriebsfertig. Sie werden nach jeder Benutzung mit Rindenstreu eingestreut und müssen periodisch von Hand auf den Kompost entleert werden.

GEFRIERTOILETTE Ebenfalls eine kostengünstige Toilette, für die man weder Wasseranschluss noch Ablaufrohre braucht. Ein Stromanschluss ist allerdings notwendig, denn die Ausscheidungen werden auf −15 °C heruntergekühlt und anschließend entsorgt. Man muss hier keine Toilettenstreu verwenden.

VERPACKUNGSTOILETTE Diese Toilette braucht weder Wasser noch Strom. Der Abfall wird nach jeder Verwendung automatisch in einer kompostierbaren Spülfolie aus Maisstärke verpackt und muss dann in speziellen Latrinenkompostern kompostiert werden.

VERBRENNUNGSTOILETTE Eine teure Anschaffung, aber lohnend, weil man weder Wasser noch Kanalisation benötigt. Der Abfall wird in speziellen Brennkammern sofort zu extrem raumsparender Asche verbrannt. Die Asche kann man als Dünger weiterverwenden.

Abfall und Kommune

Vor der Installation muss man sich selbstverständlich erst einmal nach den örtlichen Vorgaben der Gemeinde/Region erkundigen. Manchmal bedarf es einer Genehmigung, um mit menschlichem Urin zu düngen.

Kompostiert wird der Latrinenabfall in zwei separaten Kompostbehältern, die man abwechselnd verwendet. Latrinen- und Küchenabfälle werden abwechselnd mit Torfstreu eingefüllt. Wenn ein Behälter zu zwei Dritteln voll ist, lässt man ihn ein halbes Jahr ruhen und füllt währenddessen den anderen. Danach kann der kompostierte Abfall im Garten verteilt werden – jedoch nach Möglichkeit auf Wiesen und in Gehölzen und nicht im Küchengarten!

STÄLLE UND ANDERE NEBENGEBÄUDE

078
Ein Gewächshaus aus alten Fenstern

ES GEHT EINFACH nichts über ein eigenes Gewächshaus; besonders, wenn es ganz und gar aus Recyclingmaterial besteht!

Wenn Sie selbst keine alten Fenster herumstehen haben, werden Sie vielleicht beim Nachbarn, in den Kleinanzeigen der Zeitung oder im Internet fündig. Das Wichtige dabei ist, dass die Fenster doppelverglast sind; die Anzahl der Glassegmente spielt keine Rolle. Natürlich ist es praktischer, wenn die Fenster in der Größe etwa gleich sind oder womöglich Standardmaße haben, aber wer kann schon einem alten Bogen- oder Sprossenfenster wiederstehen? Dann muss man die Form des Gewächshauses eben um diese Elemente herum konstruieren. Am besten besorgen Sie sich alle nötigen Materialien vor dem Arbeitsbeginn.

Gewächshaus oder Orangerie?

Die sogenannten Orangerien entstanden im 16. Jahrhundert an den Höfen und Herrensitzen in Mittel- und Nordeuropa, um Zitrusgewächse und andere kälteempfindliche Exoten darin zu überwintern. Man kann sich dieses Konzept auch für das Gewächshaus zunutze machen. Wenn die Nordseite aus einer soliden Mauer besteht, speichert sich die Sonnenwärme dort und wird langsam nach innen abgegeben. Dadurch kann man die Tomatenernte mit Glück bis in den Spätherbst verlängern. Mit einem eingebauten Kamin oder einer anderen Wärmequelle wird daraus ein wunderbarer Wintergarten!

Wie groß das Gewächshaus werden soll, hängt neben dem Material auch davon ab, wofür Sie es eigentlich brauchen. Soll es ein reines Treibhaus werden, oder möchten Sie sich hier auch zur Entspannung aufhalten oder sogar mit Freunden feiern? Denken Sie groß und bauen Sie noch größer; 12 Quadratmeter etwa sind ziemlich wenig! Für eine Mehrzwecknutzung braucht man schon um die 20 Quadratmeter. Die Einzelheiten ergeben sich aus dem zur Verfügung stehenden Bauplatz, dem Budget und dem Verwendungszweck.

So wird's gemacht

Am günstigsten ist es, wenn sich die Fenster noch in den dazugehörigen Rahmen befinden. Dann kann man anhand der bestehenden Maße eine Grundkonstruktion aus Kanthölzern bauen und die Fenster direkt in die dafür vorgesehenen Felder einsetzen. Man kann die Fensterscheiben auch einzeln mit Hilfe von Nägeln und Fensterkitt in die Felder einsetzen. Das ist zwar vielleicht hübscher, aber wirklich eine Heidenarbeit. Allerdings haben Sie dann die Möglichkeit, das Glas nach Maß einzusetzen.

Ein Glasdach ist wesentlich schöner als ein Dach aus Kunststoffplatten, doch es ist mit erheblich höheren Kosten verbunden. Zudem müssen Sicherheitsvorschriften berücksichtigt werden!

Wenn auch die Türen aus Recyclingmaterial bestehen sollen, sollten Sie auf die Breite achten, denn es soll ja eine Schubkarre hindurchpassen. Der Boden muss gegen Frost gedämmt werden. Wenn Sie schon beim Ausschachten des Bodens sind, sorgen Sie auch gleich für Strom- und Wasseranschlüsse. Für die Temperaturregelung sind automatische Fensteröffner im Dach sehr zu empfehlen. Vermeiden Sie druckimprägniertes Holz, zumindest in unmittelbarer Nähe der Pflanzen. Ein Anstrich mit natürlicher Leinölfarbe macht die Konstruktion ebenfalls wetterfest.

Und wenn das Gewächshaus fertig ist, muss man sich nur noch ein gemütliches Plätzchen darin einrichten, um sich bei einer Tasse Kaffee an den Früchten seiner Arbeit zu erfreuen!

079
Ein natürlicher Kalkanstrich

SCHON SEIT HUNDERTEN von Jahren werden Wohnhäuser und Ställe mit gelöschtem Kalk verputzt und gestrichen – das ist nicht nur günstig, nachhaltig und dauerhaft, sondern sieht dazu auch noch gut aus! Löschkalk karbonisiert beim Trocknen – er nimmt aus der Luft Kohlenstoffdioxid auf und verwandelt sich dadurch wieder in seinen Ausgangsstoff Kalk, der wasserunlöslich ist und keine Schimmelbildung zulässt.

Mischen Sie für den Anstrich einen Teil Kalk mit 4 bis 5 Teilen Wasser. Prüfen Sie die Konsistenz, indem Sie einen Finger hineintauchen. Sie ist optimal, wenn der Fingernagel durch einen dünnen Schleier hindurch noch zu sehen ist. Die Tünche soll, mit anderen Worten, relativ dünn sein – für einen schönen, deckenden Anstrich braucht man 4 bis 5 Schichten.

Machen Sie den ersten und letzten Anstrich mit der dünnen Lösung, die sich bildet, wenn sich der Kalk am Gefäßboden abgesetzt hat. Vermeiden Sie es dabei, den Bodensatz im Eimer aufzuwirbeln, und verwenden Sie eine traditionelle Fassadenbürste zum Auftragen des Kalkwassers.

Fassaden sollte man weder in der kalten Jahreszeit noch bei direktem Sonnenlicht mit Kalk streichen. Versuchen Sie, größere Partien in einem Durchgang zu streichen – wenn man die Arbeit mitten an der Fassade unterbricht, könnte man später Farbunterschiede sehen. Kalkfarbe deckt nun einmal schlecht und sieht während des Trocknens ziemlich grau aus. Nach mehreren gut getrockneten Anstrichen jedoch leuchtet das Ganze im sprichwörtlichen Kreideweiß.

Der Unterputz muss dabei übrigens zementfrei sein, denn auf Zementputz wird Kalkfarbe unansehnlich grau und hält zudem nicht so gut.

Welche Farbe?

Natürlich kann man auch Kalkfarbe mit Farbpigmenten abtönen, doch ist hier Vorsicht geboten. Wählen Sie »kalkechte« Pigmente in Erdfarben: Gelbocker, Siena (rotbraun), Umbra (graugrün, grau und dunkelbraun) oder rötliche Eisenoxidfarben.

TIPP

Gelöschter Kalk eignet sich auch für den Anstrich von Ziegeln und unbehandeltem Holz. Frischer Putz muss vor dem ersten Anstrich gründlich trocknen (mindestens 2 Wochen). Die Wände vor dem Streichen mit einer harten Bürste von Staub und losen Putzresten reinigen. Auf einer bereits vorher gekalkten Wand reicht es, losen Putz zu entfernen und Schadstellen mit einer Drahtbürste zu reinigen und zu reparieren. Jeden Anstrich mindestens einen Tag lang trocknen lassen.

STÄLLE UND ANDERE NEBENGEBÄUDE

080
Holzteer als Holzschutzmittel

HOLZTEER IST EINES der ältesten traditionellen Holzschutzmittel überhaupt. Er fand in der ärmsten Hütte und in den reichsten Schlössern Verwendung. Oft wurde der Teer mit roten Schlammpigmenten gemischt, die Schutzwirkung blieb dabei jedoch gleich. Holzteer und Holzteerprodukte findet man heute vor allem noch in den nordischen Ländern. Neben der Nutzung zur Imprägnierung und als Schutzanstrich gibt es hier zahlreiche Produkte mit Zusätzen von Holzteer beziehungsweise Teeraromastoffen.

Unbehandelte Holztüren bekommen schnell eine raue, wettergegerbte Oberfläche, die im Laufe der Zeit verwittert und Risse bildet. Abhilfe verschafft hier ein Teeranstrich, der in Südlagen normalerweise etwa alle fünf Jahre, in geschützten Nordlagen in der Regel nur alle zehn Jahre erneuert werden muss.

TEER BRENNEN Der beste Rohstoff zur Teergewinnung sind alte Kiefernstümpfe, die auf sandigem, steinigem Boden gewachsen sind. Sobald der Baum gefällt wird, sammelt sich das Harz im Kern des Baumstumpfs, sodass dieser bis zu 75 Jahre unbeschadet dort stehen bleiben kann. Wenn die äußeren Teile des Baumes verrotten, verdichtet sich die Harzkonzentration im Kernholz.

Eine Pechgrube ist eine Bodenvertiefung, in der harziges Holz verbrannt wird, um Teer zu gewinnen. Durch die Regelung der Luftzufuhr kann der Pechbrenner die Viskosität und Farbe des Teers beeinflussen. Das Pech tritt erst zutage, wenn der Holzstoß fast ganz zusammengebrannt ist, zuerst als Teerwasser und dann als heller, angenehm duftender Teer, der anschließend dunkel und zähflüssig wird (Pech).

Heute findet man zahlreiche Teervarianten im Farbenfachhandel.

SO WIRD'S GEMACHT

Die alte abgeblätterte Beschichtung von der zu behandelnden Oberfläche sorgfältig entfernen. Man kann dafür auch einen Hochdruckreiniger verwenden, doch dann muss das Holz vor dem neuen Anstrich sehr gründlich trocknen. Den Teer für den ersten Anstrich mit 10-prozentigem Terpentin verdünnen, damit er gut in das Holz eindringt. Danach wird er unverdünnt verwendet.

Am besten gelingt der Anstrich, wenn der Teer dafür zuvor auf 70 °C erhitzt wurde. Arbeiten Sie möglichst zwischen 11 und 15 Uhr, wenn die Sonne am höchsten steht.

Sehr trockenes, poröses Holz braucht normalerweise zwei Anstriche, ansonsten reicht ein Anstrich eigentlich schon aus. Ein Liter reicht für ungefähr 2 bis 4 Quadratmeter beim ersten Anstrich und für 4 bis 8 Quadratmeter beim zweiten. Je nach Auftrag, Luftfeuchtigkeit, Temperatur, Windverhältnissen und Porosität der Unterlage muss der Anstrich ein paar Tage bis zu ein paar Wochen trocknen, bevor man eine neue Schicht auftragen kann.

SCHWARZER ODER ROTER TEER Holzteer ist normalerweise von heller Farbe. Für deckendes Schwarz wird er mit Kohlepulver eingefärbt (rechnen Sie 0,5 bis 1 Kilogramm Kohlepulver auf 20 Liter Teer). Für eine rote Färbung mischt man 1 bis 2 Teile Schwedenrotpigment mit 8 Teilen Holzteer. Den Teer auf etwa 60 °C erhitzen und das Pigment einrühren. Am besten sofort und bei direktem Sonnenlicht weiterverarbeiten.

081
Fruchtfolge- oder Felderwirtschaft

FRUCHTFOLGE BEDEUTET, DIE Pflanzungen auf den Feldern in regelmäßiger Folge zu wechseln, damit dem durch eine Pflanzenart ausgelaugten Boden wieder die fehlenden Nährstoffe zugeführt werden. Dies ist eine sehr alte Tradition, der zu folgen sich selbst im Gemüsegarten lohnt.

In der Antike und im Mittelalter war es üblich, dem Ackerland durch regelmäßiges Brachliegenlassen eine Pause zu gönnen. Vor rund tausend Jahren begann man, mit der Mehrfelderwirtschaft, der Fruchtfolge, zu experimentieren. Erst zu Beginn des 19. Jahrhunderts jedoch finden sich erste Versuche, durch Grünlandsaat (eine Mischung aus Gräsern und Klee) Stickstoff und Kohlenstoff im Boden zu binden und gleichzeitig die Etablierung bestimmter Unkräuter zu verhindern.

Schon früh entdeckte man, dass eine vierjährige Pause zwischen bestimmten Fruchtarten nicht ausreicht, um bestimmte latente Krankheiten zu verhindern. Daher ging man bald zu einem sechsjährigen Fruchtwechsel über. Viele Biobauern folgen heute wieder diesem Rhythmus, doch für Kleingärtner ist eine vierjährige Fruchtfolge durchaus ausreichend.

Vierjährige Fruchtfolge

1. Jahr Pflanzen, die Stickstoff binden und den Boden mit Nährstoffen versorgen: Bohnen, Erbsen und andere Hülsenfrüchte. Eine Düngung mit Grasschnitt oder Nesselwasser ist in der Regel ausreichend. Das verbliebene Kraut in den Boden einarbeiten.
2. Jahr Pflanzen, die Nährstoffe eher verbrauchen als anreichern: Kohl, Sellerie, Lauch, Kürbis, Knoblauch, Brokkoli, Gurken.
3. Jahr Sparsam düngen und Arten pflanzen, die wenig Nährstoffe brauchen wie etwa Zwiebeln, Salat, Petersilie, Dill und Wurzelgemüse wie Mohrrüben, Pastinaken und Rote Bete.
4. Jahr Kartoffeln und Artischocken in den leicht gedüngten Boden pflanzen. Wenn zwischen den Reihen noch Platz ist, bereits wieder Hülsenfrüchte wie etwa Ackerbohnen pflanzen.

Sechsjährige Fruchtfolge

1. Jahr Gründüngerpflanzen mit tiefen Wurzeln und dichtem Kraut holen sich Nährstoffe aus Bodenschichten, die andere Pflanzen nicht erreichen. Dazu gehören Ackersenf, Lupine, Futterwicke, Blut- oder Rosenklee, Phazelie, Spinat, Senf, Strandluzerne oder gelber Steinklee. Diese sollten vor der Samenreife gemäht werden, um eine Selbstaussaat im Boden zu verhindern. Alternativ kann man auch Hülsenfrüchte pflanzen, die sich durch stickstoffbindende Bakterien zusätzlich Nährstoffe aus der Luft holen.
2. Jahr Kohl mit Gründünger zwischen den Reihen. Erdklee zum Beispiel wird nicht sehr hoch und macht daher den andern Pflanzen kein Sonnenlicht streitig. Wenn zwischen den Beeten viel Platz ist, kann man Gras säen und mit dem Rasenmäher kurz halten.
3. Jahr Blattsalat, der kontinuierlich geerntet wird. Kürbis, Radieschen und Gurken.
4. Jahr Erbsen und Bohnen.
5. Jahr Lauch, Zwiebeln, Wurzelgemüse wie Mohrrüben, Pastinaken und Rote Bete. Vermeiden Sie Rüben und Kohlrabi, denn diese sind anfällig für Kohlhernie.
6. Jahr Kartoffeln mit etwas Dünger.

082
Selbst kompostieren

OB MAN SICH selbst eine Kompostbucht baut oder einen Kompostsilo fertig kauft, spielt eigentlich keine Rolle. In beiden Fällen werden hier Grünabfälle mit Hilfe von Mikroorganismen, Maden und Pilzen in nährstoffreichen Boden verwandelt.

Gartenkompost

Hier wird direkt auf dem Erdboden kompostiert. Achten Sie darauf, den Kompost so locker wie möglich zu halten. Wird er zu schwer und feucht, gräbt man ihn am Besten gründlich um und verlegt ihn an einen anderen Platz. Wenn genug Platz ist, kann man zwei oder drei Kompostbuchten nebeneinander bauen und umschichtig benutzen, dann hat man immer gebrauchsfertigen Kompost zur Hand.

Die unterste Schicht des Komposthaufens besteht aus einer lockeren Schicht aus Ästen und Zweigen. Denken Sie daran, dass der Kompost Kontakt zum Erdboden haben muss, damit Maden und Mikroorganismen ihren Weg hinein finden können. Im Garten kann man beispielsweise alte Europaletten zu einem Quadrat zusammennageln; hat man nur einen kleineren Garten, kann man zwei Hochbeetrahmen übereinander montieren. Um das Austrocknen des Komposts zu verhindern, die Buchten seitlich mit Plastikfolie oder Gartenvlies verkleiden – besonders wichtig, wenn die Seitenwände breite Lücken haben. Jedoch niemals Plastik auf den Boden legen!

Gartenabfälle im Wechsel mit Erde und Asche einfüllen. Vermeiden Sie dabei allzu dicke Schichten, denn das verlangsamt den Verrottungsprozess. Meist gelangen Maden von selbst in den Kompost. Um zu prüfen, ob die Kompostierung in vollem Gange ist, legt man die Hand oben auf den Kompost oder steckt sie ein Stück hinein – wenn es sich darin warm anfühlt, wird der Haufen mit Grasschnitt, Heu oder Plastikfolie bedeckt und eine Weile sich selbst überlassen. Gelegentliches Umgraben verbessert die Luftzufuhr.

Küchenkompost

Küchenkompostbehälter müssen immer luftdicht verschließbar sein, um die Schädlinge fernzuhalten. Vergewissern Sie sich, dass Ratten und Mäuse nicht durch kleine Löcher oder Risse dort hinein gelangen können.

Am einfachsten ist es, einen wärmeisolierten Kompostsilo aus Kunststoff zu kaufen. Dieser ist zwar nicht schön, aber hochfunktionell. Größer ist hier zwar besser als kleiner, aber denken Sie daran, dass ein großer Behälter im Winter auch schneller auskühlt. Der Boden muss mit einem Ablaufgitter ausgestattet sein, sodass der Kompost unten nicht zu feucht wird.

Warmkompost kommt selten ohne Streu aus. Diese kann man entweder fertig kaufen oder stattdessen Zeitungspapierschnipsel, Sägespäne, trockenes Laub, feinen Grasschnitt und Häcksel oder Torf verwenden.

Die Abfälle so klein wie möglich schneiden, damit sie sich schneller zersetzen. Man kann gekochten Reis oder fertigen Kompost (vielleicht hilft der Nachbar aus) zuunterst auf den Boden geben, um das Ganze in Gang zu bringen. Vermeiden Sie Eierschalen oder Fleischabfälle, da diese viel zu lange brauchen, um sich zu zersetzen.

Es empfiehlt sich, jedes Mal, wenn man Abfälle auf den Kompost wirft, eine Handvoll Streu darauf zu verteilen. 75 Prozent Abfälle auf 25 Prozent Streu sollte immer funktionieren. Verteilen Sie die Streu direkt mit den Abfällen, damit sie so schnell wie möglich mit den Mikroorganismen im Kompost in Kontakt kommt. Viele Kompostsilos sind mit einer Handkurbel ausgestattet, sodass man das nicht mehr selbst machen muss.

Warmkompost im Winter

In besonders kalten Wintern kann man den Warmkompostsilo mit Styropor oder Stroh isolieren oder frischen Pferdemist dazu geben. Dieser zersetzt sich sehr schnell und setzt dabei viel Wärme frei.

Wenn Sie in einer dicht besiedelten Gegend wohnen, ist es grundsätzlich eine gute Idee, sich vor dem Aufstellen eines Kompostsilos beim örtlichen Umweltamt nach den aktuellen Vorgaben und Empfehlungen zu erkundigen.

MÖGLICHE PROBLEME

→ Faulgeruch: Der Kompost ist zu feucht. Geben Sie Streu oder anderes Material dazu, das die Feuchtigkeit aufnimmt.
→ Ammoniakgeruch: Der Stickstoffgehalt ist zu hoch. Mit kohlenstoffreichem Material wie fein gehäckseltem Stroh oder Zeitungspapier vermengen.
→ Viele Ameisen im Kompost: Der Kompost ist zu trocken. Wässern und umgraben.

TIPP

Wenn Sie wenig Platz haben, schaffen Sie sich einen Komposteimer an. Geben Sie die Abfälle zusammen mit Streu in den Eimer, schließen den Deckel und überlassen das Ganze eine Weile lang den Mikroorganismen. Schon nach wenigen Wochen ist daraus wunderbar nährstoffreiche Gartenerde geworden.

083
Vielseitige Nutzung von Herbstlaub

HERBSTLAUB KANN MAN entweder kompostieren, als Abdeckungsmaterial für die Beete verwenden oder daraus Laubmull herstellen.

Betrachten sie die Bäume als Freunde und Helfer des biologischen Anbaus. Sie geben wichtigen Schatten, ohne den der Boden schneller austrocknet und das Gras schneller gelb wird. Und das Herbstlaub gibt nicht nur den nützlichen Maden Nahrung, sondern man kann es im Winter zur Wärmeisolierung verwenden, zu Mull kompostieren und wie Torf weiter verwenden.

Vor nicht allzu langer Zeit wurde Laub auch noch als Viehfutter verwendet. Die Schneitelung (Abschneiden überflüssiger/unerwünschter Triebe) von Bäumen zur Maximierung der Trieb- und Laubbildung produzierte willkommenes Viehfutter in kargen Erntejahren. Im Prinzip kann man dafür alle Bäume mit Ausnahme von Holzapfel und Weißdorn verwenden, doch besonders beliebt waren Birke, Esche, Linde und Ahorn. Das bittere Eichenlaub dagegen wurde nur im Notfall verfüttert. Durch die Beschneidung werden Bäume sehr alt, und das knotige Geäst ist nicht nur ein beliebter Nistplatz für Star, Waldkauz, Kuckuck und Blaumeise, sondern auch für Fledermäuse und Insekten. Auch verschiedene Sorten von Flechten und Moosen führen sich darauf besonders wohl.

Man kann Beete und Komposthaufen im Winter mit einer schützenden Laubschicht bedecken oder einen separaten Laubkomposthaufen anlegen, der den Garten im Sommer mit herrlichem Laubmull versorgt. Laubmull lockert den Boden auf und hält die Feuchtigkeit länger. Im Grunde ist es leichter, Laubmull zu herzustellen als normalen Kompost, aber es dauert oft zwei bis drei Jahre, bis er gebrauchsfertig ist. Dann jedoch ist er eine gute Alternative zu Torf, den man ohnehin vermeiden sollte, da die Torfgewinnung erheblichen Einfluss auf die Landschaft hat.

SO WIRD'S GEMACHT

1. Jahr Das Herbstlaub zusammenharken und in eine nach oben offene Draht- oder Holzbucht füllen.

2. Jahr Im nächsten Herbst wird der Laubhaufen ordentlich umgegraben. Wenn er zu trocken ist, muss man ihn etwas befeuchten. Geben Sie gern ein paar Eimer Grasschnitt dazu, um die Kompostierung zu beschleunigen. Das Gras führt dem sonst recht nährstoffarmen Laub zusätzlich etwas Dünger zu.

3. Jahr Im dritten Jahr sollte der Laubmull fertig zum Einsatz im Garten sein.

084
Mutterboden selbst aufbereiten

ALS ERSTES SOLLTEN Sie sich mit der Beschaffenheit des vorhandenen Bodens vertraut machen. Stellen Sie fest, ob diesem etwas Wichtiges fehlt und führen Sie ihm dann das Nötige zu – beispielsweise Kompost, Mull oder organisches Material.

Damit die Pflanzen gut gedeihen, sind nicht nur die Nährstoffe wichtig, sondern auch die Struktur des Bodens – er muss vor allem locker genug sein, um Maden und Würmern den geeigneten Lebensraum zu bieten. Ein Regenwurm produziert Studien zufolge täglich etwa ein Gramm Dünger. Demnach liefern Ihnen 1000 Regenwürmer ein Kilogramm wertvollen Dünger pro Tag!

Ackerboden besteht normalerweise aus vier Grundelementen: Mull, Poren, Mineralien und lebenden Organismen. Den Löwenanteil bilden natürlich die mineralischen Bestandteile, also Verwitterungsprodukte von Sand und Gestein. Die Korngröße bestimmt hier die Bodenqualität; man unterteilt grob in Sand, Schluff, Ton oder Lehm.

Sandiger Boden ist am grobkörnigsten. Er ist gut durchlässig, locker und warm und daher für Wurzelgemüse gut geeignet. Leider trocknet sandiger Boden auch leichter aus und speichert weniger Nährstoffe.

Am anderen Ende des Spektrums befindet sich der nährstoffreiche Lehmboden. Er hat die feinste Konsistenz, ist schwer und klebrig und hält so die Feuchtigkeit gut; er kühlt jedoch dadurch auch schneller aus. Auf Lehmboden beginnt die Gartensaison später, endet jedoch im Herbst ebenfalls entsprechend später, da die Erde den spärlichen Sommerregen länger speichert.

Dazwischen gibt es alle Variationen von Schluff- und Tonböden; im Gegensatz zu Ton lässt sich Schluff nicht mit den Fingern formen. Jeder Boden hat seine Vor- und Nachteile, aber man kann ihn durch die richtige Beimischung von Laub- oder Torfmull, Kompost oder Stallmist aufbereiten.

Bodentest

Stechen Sie die Gabel so tief es geht in den Boden. Ging das ganz einfach, ohne dass man mit dem Fuß nachhelfen musste? Herzlichen Glückwunsch, dann haben Sie lockeren Boden.

Um zu prüfen, ob sich lebende Organismen im Boden befinden, heben Sie ein 10 bis 15 Zentimeter tiefes Loch aus und geben eine Schaufel voll Grasschnitt hinein. Nun die Erde wieder hineinfüllen und ein paar Monate später nachschauen, was aus dem Gras geworden ist. Ist es verrottet, umso besser. Wenn das Gras immer noch fast genau so aussieht wie zuvor, ist der Boden jedoch praktisch tot und braucht unbedingt Hilfe.

LEHMBODEN AUFBEREITEN

Was auch immer Sie tun, vermeiden Sie unbedingt, lehmigen Boden mit Sand zu versetzen, denn dadurch wird der Boden noch kompakter. Durch Beigabe von Mull halten sich Wasser und Nährstoffe besser im Boden.

Den Garten im Herbst tief und gründlich umgraben, möglichst zwei Spaten tief. Die Erdklumpen werden durch die Winterfröste aufgebrochen und der Boden dadurch aufgelockert. Im Frühling Kompost, Rinden- oder Torfmull und nach Möglichkeit etwas Stallmist einarbeiten.

Vermeiden Sie es, während der Saat mit einer Bodenfräse zu arbeiten, um den Boden nicht wieder zu verdichten, und bedecken Sie die Erde um die Pflanzen herum in der warmen Jahreszeit mit Grasschnitt oder anderem Material. Gründünger lockert nicht nur den Boden auf, sondern führt ihm auch wichtige Nährstoffe zu. Nach ein paar Jahren werden Sie vielleicht bemerken, dass die Erde ein wenig dunkler geworden ist; das ist ein gutes Zeichen, denn dann hat sich der Mullanteil sichtbar erhöht.

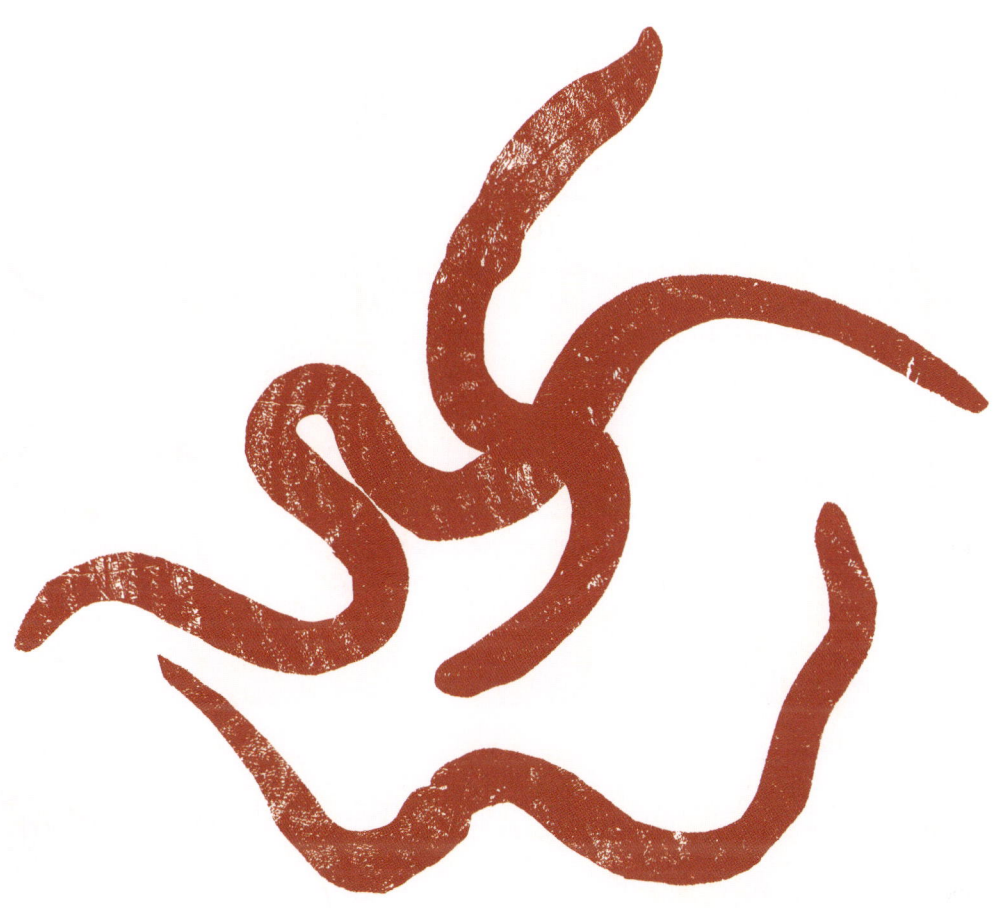

Betreten Sie die Gartenbeete so wenig wie möglich, damit sich die Erde nicht unnötig verdichtet.

Man kann allzu kargen Boden auch aufbereiten, indem man ein bis zwei Jahre lang Grünlandsaat einstreut und erst im dritten Jahr mit dem Anpflanzen von Gemüse beginnt. Vor allem empfiehlt sich hier auf lange Sicht ein Fruchtwechsel, denn dann laugt der Boden nicht so schnell aus.

SANDIGEN BODEN AUFBEREITEN

Bei sandigem Boden empfiehlt es sich, organisches Material wie Kompost, Rindenmulch oder Torf- beziehungsweise Laubmull und nach Möglichkeit ein paar Schaufeln Stallmist einzuarbeiten. Bestreuen Sie die Beete zwischen den Pflanzen das ganze Jahr über, gerne bis weit in den Spätherbst hinein, locker mit Grasschnitt, das düngt und hält die Feuchtigkeit im Boden. Die Beete nach der Ernte mit Grasschnitt, Laub oder Pflanzenabfällen bedecken. Erst unmittelbar vor der Aussaat im Frühling einmal gründlich umgraben.

ALTBEWÄHRTE METHODEN

085
Seife und Shampoo selbst herstellen

SCHON SEIT TAUSENDEN von Jahren stellen die Menschen Seife und Waschmittel selber her. Heute jedoch weiß man gar nicht mehr, wie das geht, und ist daher von industriell gefertigten Produkten abhängig. Dabei geht das Herstellen von eigenen Reinigungsmitteln ganz einfach!

Sie brauchen dafür nur Fett, Wasser und Lauge (Natriumhydroxid, NaOH) aus dem Farbengeschäft. Seife kann man entweder kochen oder kalt anrühren (das geht etwas einfacher). Da Öl beim Kaltrühren schlechter verseift und die Seife dadurch meist einfach zu bröckelig wird, gibt man etwas festes Fett dazu (zum Beispiel Kokosfett).

Um das richtige Mischungsverhältnis für die jeweiligen Zutaten zu ermitteln, schauen Sie in die Tabelle auf der gegenüberliegenden Seite. Unserem Rechenexempel liegen 1000 Gramm Fett zugrunde; Sie brauchen daher 138 Gramm NaOH pro Kilogramm Schweinespeck, 124 Gramm NaOH pro Liter Rapsöl oder 190 Gramm NaOH pro Kilogramm Kokosfett.

Das Natriumhydroxid wird in etwa der doppelten Menge Wasser aufgelöst (die Formel ist hier 2,08 Gramm × Menge des verwendeten NaOH in Gramm). Klingt kompliziert? Halb so wild: Für 1 Kilogramm Schafsfett (geschmolzen und geklärt) brauchen Sie 138 Gramm NaOH und 287 g (ml) Wasser: 138 × 2,08.

Dieses Ergebnis wird jedoch nicht von der Gesamtmenge des verwendeten Fetts abgezogen, sondern dazu addiert: 1 Kilogramm Schafsfett + 138 Gramm NaOH + 287 ml Wasser ergibt demnach ein Gesamtgewicht von 1425 Gramm.

SO WIRD'S GEMACHT: KALTGERÜHRTE SEIFE

- → Das für die Seifenherstellung zur Verfügung stehende Fett abwiegen und notieren.
- → Die entsprechende Menge NaOH errechnen und abwiegen.
- → Die entsprechende Wassermenge (anhand der Tabelle) abmessen: Laugengewicht in Gramm × 2,08 = Wassermenge.
- → Nun die Lauge (NaOH) vorsichtig in das Wasser einrühren. Nicht umgekehrt, denn durch die chemische Reaktion bildet sich viel Wärme, sodass es dabei spritzen könnte.
- → Sehr gründlich umrühren; das NaOH muss vollständig in dem Wasser aufgelöst werden.
- → Das Fett leicht erwärmen, denn Fett und Lauge müssen beim Mischen dieselbe Temperatur haben. Ein guter Richtwert sind etwa 40 °C. Es macht zwar nichts, wenn das Fett etwas wärmer ist als die Lauge, aber andersherum funktioniert es besser.
- → Das Fett in die Laugenmischung einrühren, gern mit dem Stabmixer. In etwa 15 bis 30 Sekunden langen Intervallen umrühren, wobei die Mischung langsam immer dickflüssiger wird. Das Ganze dauert etwa 15 Minuten.
- → Die Seife in vorbereitete Formen gießen. Wenn man diese mit Klarsichtfolie auskleidet, lässt sie sich später leichter aus der Form lösen. Man kann auch den passend zurechtgeschnittenen unteren Teil eines Tetrapacks verwenden.
- → Nach zwei bis drei Tagen kann die Seife aus der Form genommen und in passende Blöcke geschnitten werden.
- → Zum vollständigen Aushärten die fertigen Seifenstücke (zugedeckt, damit sie nicht austrocknen) etwa einen Monat lang stehen lassen.
- → Man kann das Rezept nach Geschmack durch ein paar Tropfen ätherisches Öl verfeinern und Rosenblätter, Haferflocken oder ähnliches mit hinein geben. Lassen Sie Ihre Fantasie spielen!

FETT (1000 GRAMM)	WASSER (GRAMM)	NATRIUM-HYDROXID (GRAMM)	VERSEI-FUNGS-GRAD
Schweinespeck, Fett oder Talg	287	138	0,138
Gänseschmalz	283	136	0,136
Leinöl	283	136	0,136
Rinderfett, Talg oder Bratenfett	292	140	0,140
Bienenwachs	144	69	0,069
Margarine	283	136	0,136
Rapsöl	258	124	0,124
Schafsfett	287	138	0,138
Hühnerfett	287	138	0,138
Kokosfett	396	190	0,190
Olivenöl	279	134	0,134

SIE BRAUCHEN: Stabmixer, Gummihandschuhe (Latex ist zu dünn und kann von der Lauge zerfressen werden), Schutzbrille, Schürze oder Arbeitskleidung, elektronische Waage, Plastikform für die Seife sowie Gefäße und Löffel, denen Lauge nichts anhaben kann.

ACHTUNG! Natriumhydroxid ist ziemlich ätzend. Achten Sie beim Hantieren damit auf gute Lüftung und tragen Sie unbedingt Brille und Schutzkleidung. Vermeiden Sie nach Möglichkeit Laugenspritzer. Wenn man einen Stabmixer verwendet, ist dieser anschließend für Lebensmittel ungeeignet und sollte nur noch zur Herstellung von Seife verwendet werden.

BIRKENSHAMPOO Birkenlaub enthält natürliche Saponine, also seifenartige Stoffe. Ganz frisches, junges Laub hat die höchste Konzentration an Saponinen. Pflücken Sie die Blätter im Frühling, wenn sich die Birkenkätzchen zeigen. Die Blätter in ein Glasgefäß geben und mit kaltem, abgekochtem Wasser übergießen. Pro Liter Wasser 1 Teelöffel Natriumbenzoat (E 211) zugeben.

2 bis 3 Tage stehen lassen, abgießen und das Laub entfernen – fertig ist das Haarshampoo!

086
Eigene Fische

HABEN SIE EINEN Teich, See oder Bach auf Ihrem Grund und Boden und träumen von eigenen Fischen? Der erste Schritt ist hier selbstverständlich, wie immer in solchen Fällen, zur entsprechenden Behörde, um sich zunächst einmal gründlich über die gesetzlichen Auflagen und Vorschriften zu informieren.

Diese Vorschriften sind wichtig, weil das Aussetzen von milieufremden Fischarten verheerende Folgen für das ökologische Gleichgewicht haben kann. Erstens werden dadurch womöglich Krankheiten eingeschleppt und verbreitet und zweitens könnten fremde Fischarten die heimische Wasserflora und -fauna dezimieren. Das Bundesamt für Naturschutz zum Beispiel hat eine Liste von invasiven und potenziell invasiven Fischarten veröffentlicht.

Beschränken Sie sich daher unbedingt auf einheimische Arten und überlegen Sie sich im Vorfeld, ob diese auf sich allein gestellt sein werden oder ob Sie zufüttern wollen oder müssen. Fischbesatz ist übrigens nur dann erforderlich, wenn der natürliche Nachwuchs nicht ausreichend vorhanden ist. In diesem Falle hat das aber meist biologische Ursachen, sodass selbst Neubesatz möglicherweise wenig Erfolg haben wird. Versuchen Sie in diesem Fall einmal Ihr Glück mit anderen Arten, die in einem solchen Milieu heimisch sind. Erkundigen Sie sich in diesem Fall auch bei den regionalen Fischzuchtvereinen, welche Fischarten sich dafür eignen. Gibt es in Ihrem Gewässer schon größere Fische, sollten Sie keine kleinen »Futterfische« einsetzen, die schnell gefressen werden. Das gleiche gilt natürlich auch umgekehrt: Setzen Sie Großfische ein wie Schleien, Zander, Rotfeder und Hecht oder den Warmwasserfisch und Allesfresser Karpfen, können diese in kurzer Zeit den Altbestand an Kleinfischen einfach verspeisen. Nur wenige Kleinfische sind wehrhaft genug, um zu überleben; zu ihnen zählen z.B. bestachelte Stichlinge. Das Überleben erleichtern kann ihnen eine Zufluchtsmöglichkeit wie eine sumpfige Flachwasserzone. Andere Fischarten wie Forellen (Bach-, Regenbogenforelle) oder Elritzen benötigen kühles, sauerstoffreiches, am besten sprudelndes Fließwasser, da sie wie auch Bachsaiblinge, Huchen oder Äschen zu den sogenannten Kaltwasserfischen zählen.

Fragen Sie auch nach, welche Anforderungen an ihre Umwelt (z. B. Steh-, Fließgewässer, Pflanzenbewuchs, Wassertiefe, Beckengröße und -form), an das Wasser (z. B. Temperatur, Sauerstoffgehalt, pH-Wert) die gewünschten Fische stellen, welche Fortpflanzungsbedingungen sie benötigen und welche Nahrungsansprüche bestehen. Wichtig ist auch, wie Sie Ihre Fische »ernten« wollen: durch Angeln im Fließgewässer oder durch Abfischen mit Netzen im Teich.

Wenn Sie keinen eigenen Fischteich haben, können Sie natürlich selbst einen anlegen. Doch dafür sind umfassende Bodenarbeiten notwendig – und vor allem ein ganzer Schwung von Genehmigungen. Bevor man überhaupt Hand anlegt, sollte man sich unbedingt Rat bei den entsprechenden Behörden und den örtlichen Fischzuchtvereinen holen, damit es keine unangenehmen Überraschungen gibt.

In natürlichen Wasserläufen ist im Gegensatz zu geschlossenen Gewässern das Risiko für die Verbreitung von Krankheiten und Übermästung geringer. Doch hier lohnt sich neuer Fischbesatz nicht unbedingt, da die neuen Fische in der Regel flussabwärts aus den eigenen Fischgründen verschwinden.

Ein Gartenteich ist natürlich etwas ganz anderes; oft braucht man dafür nicht einmal eine Extragenehmigung. Doch ein Zierteich ist natürlich auch kein Angelteich.

087
Der Mückenplage Herr werden

Summende Mücken sind eine wahre Sommerplage, doch man kann ihrer durchaus Herr werden. Und das sogar auf umweltschonende Art und Weise, indem man auf alte Traditionen zurückgreift. Bestimmte Pflanzen wurden nämlich schon seit Generationen gegen Mücken eingesetzt.

Grundsätzlich sollte man im Sommer helle und lockere Kleidung tragen, aber wer will sich in der heißesten Zeit des Jahres schon von Kopf bis Fuß mit Stoff bedecken? Schuhe und Strümpfe sind jedoch eine immer gute Idee, denn Mücken werden von Schweiß angezogen. Es ist daher auch besser, mehrmals am Tag zu duschen, statt sich verschwitzt auf die Veranda zu setzen und dann wie wild nach den lästigen Störenfrieden zu schlagen.

Lassen Sie im Frühling keine Schneehaufen im Garten liegen, denn durch die Sonnenwärme im Verbund mit der Schneeschmelze entstehen warme, stehende Wasserflächen, in denen Mücken gern ihre Eier ablegen. Je heißer der Sommer ist, desto aggressiver werden auch die Mücken. Eine Mücke braucht rund 90 Sekunden, um uns Blut abzuzapfen, bevor sie weiterfliegt.

Waldmücken sind in der Regel wählerischer und warten auf das ideale Ziel, während sich Sumpfmücken wahllos auf jedes verfügbare Opfer stürzen und sofort losstechen. Unter den richtigen Voraussetzungen schlüpfen sie in ungeheuren Mengen, wie man aus verschiedenen Gegenden Europas immer wieder erfährt. Oft hat man dann buchstäblich keine andere Wahl, als auf chemische Bekämpfungsmittel zurückzugreifen, wenn man sich im Freien aufhält. Um Innenräume mückenfrei zu halten, gibt es spezielle Mückenschutzgitter, die man an Fenster und Türen montieren kann.

PFLANZEN ALS MÜCKENBEKÄMPFUNGSMITTEL

Schafgarbe ist durch ihren hohen Gehalt an Salicylsäure nach wissenschaftlichen Erkenntnissen die effektivste Antimückenpflanze. Alle 45 Minuten die frischen Blätter zwischen den Händen zerdrücken, sodass der grüne Saft heraustritt, und damit die Haut einreiben.

Der *Sumpfporst* gehört zu den Heidekrautgewächsen und ist aus weiten Teilen Mittel- und Süddeutschlands leider inzwischen verschwunden. Traditionell legte man frische Blätter und Zweige zwischen die Kleidung in den Wäscheschrank und ins Bettzeug, um Insekten und Bettwanzen fernzuhalten. Die Blätter zwischen den Händen zerdrücken, sodass der Saft hervortritt, und die Haut damit einreiben (sie soll grün werden). Alle 30 Minuten wiederholen.

Der bei uns häufiger anzutreffende *Gagelstrauch* (auch *Moorgagel*) wird genau wie der Sumpfporst angewendet.

Auch *Ringelblume*, *Tagetes*, *Basilikum*, *Tomaten*, *Petersilie*, *Wermutkraut* und *Kartoffeln* sollen Mücken abschrecken.

Zitronensaft, Apfelessig oder sogar Teer werden ebenfalls als Mückenschutzmittel empfohlen.

Und wenn gar nichts hilft, dann versuchen Sie es doch einmal mit unseren typisch schwedischen Mitteln Beckolja (das bei der Herstellung von Kieferntneer gewonnen wird) oder Djungelolja (eine Mischung von ätherischen Ölen). Beide sind vom Geruch her ziemlich gewöhnungsbedürftig, aber äußerst effektiv!

ALTBEWÄHRTE METHODEN

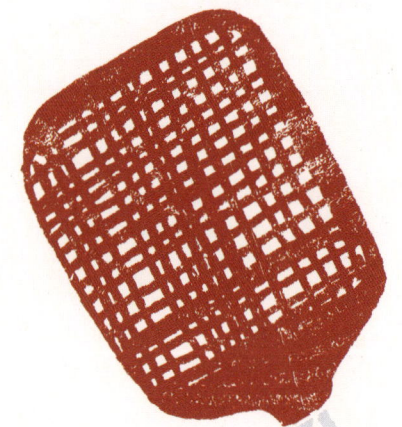

088
Fliegenfänger
GEGEN LÄSTIGE STÖRENFRIEDE

IM HOCHSOMMER WERDEN Mensch und Tier gewöhnlich von Scharen brummender Fliegen heimgesucht. Abgesehen davon, dass Fliegen Salmonellen und Kolibakterien verbreiten können, sind sie schon für sich genommen eine wahre Landplage. Da lohnt es sich, schon von vornherein dafür zu sorgen, dass so wenige Fliegenlarven wie möglich zur Reife gelangen können.

Fliegen findet man buchstäblich überall dort, wo es etwas zu fressen gibt; und es ist ihnen völlig egal, um was für Nahrung es sich dabei handelt. Warm oder kalt, frisch oder verdorben, den Fliegen ist es einerlei. Am besten ist es natürlich, Türen und Fenster zu schließen und grundsätzlich drinnen zu essen. Versehen Sie die Fenster mit Mückennetzen, damit man trotzdem für frische Luft sorgen kann. Nahrungsmittel und Getränke vor allem draußen mit Insektenschutzhauben abdecken.

FLIEGEN IM HAUS Bringen Sie den Müll, vor allem organische Abfälle, regelmäßig hinaus. Installieren Sie Fliegengitter vor Türen und Fenstern und hängen Fliegenfänger an der Decke auf. Peinliche Sauberkeit in der Küche ist wichtig, denn Fliegen lassen sich auf allem nieder, was für sie irgendwie essbar ist. Vermeiden Sie jedoch um jeden Preis die Verwendung von giftigen Insektensprays!

FLIEGEN IM VIEHSTALL Auch für das Vieh sind Fliegen ungeheuer lästig. Wenn Kühe sich ständig gegen Plagegeister zur Wehr setzen müssen, hält sie das vom entspannten Wiederkäuen ab. Studien zufolge können Stallfliegen bei Kühen bis zu einen halben Kilogramm Gewichtsverlust täglich und dadurch bis zu 20 Prozent geringere Milcherträge verursachen. Ganz abgesehen davon, dass Fliegen das Wohlbefinden von Mensch und Tier ganz grundsätzlich empfindlich beeinträchtigen.

Das ständige Hin- und Herfliegen begünstigt die Verbreitung von Magen- und Darminfektionen wie Ruhr und Typhus und bei Rindern Parafilariose und Mastitis. Bei Parafilariose bohren sich Nematoden in die Muskulatur und legen dort ihre Eier ab. Das verursacht Hautreizungen und Blutungen, die schlimmstenfalls zu Gewichtsverlust führen und das Fleisch unbrauchbar machen.

TIPPS

→ Achten Sie auf gute Lüftung. Fliegen mögen keine kühle, trockene Zugluft.
→ Ställe regelmäßig ausmisten (am besten täglich), da frischer Dung ein wahrer Brutkasten für Fliegenlarven ist.
→ Trinkautomaten für die Tiere installieren, damit keine offenen Wasserflächen entstehen.
→ Den Stallboden regelmäßig abspritzen, um ihn von Futter- und Dungresten zu säubern.
→ Den Dung so schnell wie möglich zu Haufen aufschichten, denn die Zersetzungswärme tötet Fliegenlarven ab. Kälber- und Schweinemist nach Möglichkeit mit einer Schicht Pferdemist bedecken, um die Wärmebildung zu beschleunigen.
→ Man kann den Misthaufen auch zusätzlich mit einer dicken Plastikplane abdecken, um die Verbrennung voranzutreiben, und Pferdemist anfeuchten und zusammenpressen.
→ Silos und Güllebehälter sollten so dicht wie möglich schließen!
→ Stellen und hängen Sie Fliegenfallen im Stall auf. Es gibt sie in den verschiedensten Ausführungen zu kaufen.

089
Ratten und Mäuse von Haus und Hof fernhalten

NAGETIERE KÖNNEN IN Haus und Hof regelrecht Verwüstungen anrichten, denn sie nagen sich durch alles hindurch, was ihnen vor die Zähne kommt – Möbel, Isolierung, Rohre und elektrische Leitungen. Da ist Vorbeugen und das Aufstellen von Fallen immer noch die beste Abwehrmethode.

Eigentlich kann eine Maus nicht viel aufhalten, wenn sie erst einmal ins Haus gelangt ist. Sorgen Sie für dichte und sachgerechte Installationen und achten vor allem darauf, dass Fenster und Türen dicht abschließen. Installieren Sie Schädlingsgitter unter Traufen und im Haus zwischen Fußboden und Wand, vor Lüftungsöffnungen und Wasserabläufen. Da Mäuse ständig Material zum Bauen ihrer Nester brauchen, halten sie sich an Isolierungen, Pappe und Plastik, Matratzen und sogar Schuheinlagen schadlos. Deutliche Anzeichen für einen Mausbefall sind angenagte Packungen, verstreute Losung und der scharfe Geruch von Mäuseurin. Sie bauen ihre Nester in Wänden, unter dem Dach und unter Fußböden; man kann sie dort rumoren hören. Mäuse sehen auch im Dunkeln gut und sind ausgezeichnete Kletterer (sie können aus dem Stand bis zu 30 Zentimeter hoch springen). Außerdem vermehren sie sich rasend schnell: Eine Maus bekommt bis zu zehnmal pro Jahr 5 bis 6 Junge.

Ratten vermehren sich ähnlich schnell. Eine Rättin produziert jährlich 5 bis 6 Würfe mit bis zu 15 Jungen. Ein Rattenpaar kann also in seinem Leben mehrere hundert Junge produzieren! Auch Ratten fressen alles, was ihnen vor die Nagezähne kommt. Sie haben einen ausgezeichneten Gehör- und Geruchssinn und können daher Nahrung schon von Weitem riechen. Sie bauen ihre Nester in Kellern und Kriechkellern und polstern sie mit Heu und Sägespänen oder mit Plastiktüten aus, die auf die passende Größe zurechtgenagt wurden. Ratten graben außerdem in der Nähe des Nests Gänge, in denen sie Abfall deponieren, und das kann ziemlich stinken. Sie klettern senkrechte Wände und Fallrohre hinauf und können unter Wasser bis zu 5 Minuten überleben. Sie können an Hausrat und Bausubstanz schwere Schäden anrichten und Krankheitskeime wie Salmonellen verbreiten. Durch das Anknabbern von Leitungen aller Art verursachen sie außerdem im Ernstfall Stromausfälle, Hausbrände und Wasserschäden.

Typische Zeichen von Ratten- oder auch Mäusebefall sind Bissspuren am Inventar und kleine Häufchen von Kabelresten und Isolationsmaterial.

Vorbeugen gegen Ratten und Mäuse

Lassen sie keine Futter- und Essensreste herumliegen. Vieh- und Hühnerställe sowie Vogelbauer regelmäßig reinigen und das Heu und Stroh auf dem Heuboden nicht jahrelang liegen lassen. Ratten sind scheu; sie bahnen sich Tunnel und Wege durch hohes Gras am Haus entlang und durch schützendes Buschwerk. Machen Sie ihnen durch regelmäßiges Mähen und Auslichten des Gebüschs das Leben schwer. Sollte sich herausstellen, dass die Ratten bevorzugt unter einem Busch oder einer bestimmten Hecke leben, ist es leider manchmal besser, diese vollständig zu entfernen. Die beste Methode, Ratten und Mäuse fernzuhalten ist, ihnen das bevorzugte Lebensmilieu vorzuenthalten.

ALTBEWÄHRTE METHODEN

RATTEN UND MÄUSE FANGEN Stellen Sie Fallen auf. Ich selbst ziehe Kastenfallen vor, weil man sich an Schlagfallen leicht selbst verletzen kann. Wirksame Köder sind Leberwurst, Käse, Wurst, Schokolade oder Fleisch. Kontrollieren Sie die Fallen täglich und entfernen Sie gefangene Tiere sofort. Tragen Sie dabei unbedingt Handschuhe und waschen Sie sich später trotzdem gründlich die Hände.

ALTBEWÄHRTE METHODEN

ALTBEWÄHRTE METHODEN

090
Bäume fällen wie ein Profi

ALLEIN IM WALD mit Axt und Säge zu arbeiten ist so gefährlich wie dumm. Arbeiten Sie grundsätzlich mindestens im Zweierteam und haben Sie dabei das Handy stets griffbereit in der Jackentasche. Teilen sie vorher zu Hause oder in der Nachbarschaft mit, wo Sie sein werden und wann Sie planen, wieder zurück zu sein.

Bei Forstarbeiten versteht sich die richtige Ausrüstung von selbst: Auf Schnittschutzhose und -jacke, Arbeitsstiefel mit Metallkappe, Handschuhe und Helm mit Ohrenklappen und Schutzvisier sollte man unter keinen Umständen verzichten. Prüfen Sie vorher, ob die Motorsäge mitsamt allen Schutzvorrichtungen voll funktionsfähig ist.

Bevor man die Säge ansetzt, muss die Fallrichtung des Baums geplant werden. Diese wird weitgehend durch den natürlichen Wuchs des Baumes bestimmt, kann durch das Wegnehmen bestimmter Äste jedoch in gewissem Maße beeinflusst werden.

Auch der Wind spielt eine wichtige Rolle; behalten Sie daher Windstärke und Windrichtung stets im Auge.

SO WIRD'S GEMACHT

1. Zuerst alle tieferliegenden Äste entfernen, die das Fällen erschweren.
2. Abgetrennte Äste und Zweige sofort entfernen, damit man bei der Arbeit nicht darüber stolpert. Danken Sie auch daran, einen Fluchtweg festzulegen, falls doch einmal etwas schiefgehen sollte, zum Beispiel, wenn die Baumwurzel plötzlich emporschnellt oder der Stamm bricht.
3. Zuerst wird ein Fallkerb gemacht, das heißt, es wird ein Keil aus der Seite des Stamms herausgeschnitten, in die der Baum fallen soll. Stellen Sie sich dafür breitbeinig hinter den Stamm. Rechtshänder lehnen sich mit der linken Schulter gegen den Stamm, damit sie sicher stehen, Linkshänder mit der rechten. Zuerst wird der obere Schnitt im Winkel von 60 Grad zur Stammmitte hin gemacht. Die Schnitttiefe soll mindestens ein Viertel des Stammdurchmessers betragen. Dann in derselben Körperhaltung den unteren Schnitt ausführen, diesmal aufwärts im Winkel von etwa 30 Grad, sodass sich ein Keil aus dem Stamm löst. Die entstandene Lücke bestimmt die Fallrichtung des Baums.
4. Führen Sie den sogenannten Fällschnitt direkt gegenüber dem Fallkerb an der anderen Stammseite aus oder, je nach Möglichkeit, ganz leicht darüber. Dabei den Stamm nicht ganz durchsägen, sondern ein 2 bis 5 Zentimeter breites Stück stehen lassen, das beim Fallen wie eine Art Scharnier funktioniert.
Es empfiehlt sich, bei dicken Stämmen nach der halben Schnittbreite einen Keil einzutreiben, damit die Säge nicht steckenbleibt (siehe Abbildung). Lehnen Sie sich mit dem Körpergewicht etwas oberhalb des Schnitts gegen den Stamm, um ihn zum Kippen zu bringen – aber Achtung: Weichen Sie sofort einen Schritt zurück, damit Sie nicht getroffen werden, falls das untere Ende des Stammes beim Fallen hochschnellt. Man kann die Fallrichtung auch mit einem Brecheisen beeinflussen.
5. Die Äste unmittelbar im Anschluss kappen und dabei die Motorsäge durch Auflegen am Stamm vor dem Verrutschen schützen. Den Stamm in Abschnitte von 3 Metern Länge kappen, oder entsprechend kürzer, wenn die Abschnitte per Hand fortgetragen werden müssen. Beim Transport immer Tragehilfen wie beispielsweise Hebehaken verwenden. Schonen Sie Ihren Rücken, indem Sie schwere Lasten immer mit geradem Rückgrat aus der Hocke anheben.

091
Eigenes Kaminholz machen

Beginnen Sie bereits im Winter mit dem Holzfällen und machen Sie sich dann im Frühling daran, das Holz zu spalten und zum Trocknen zu lagern. Um einen optimalen Heizwert zu erhalten, ist mit einer Trocknungszeit von 1 bis 2 Jahren zu rechnen..

Wenn Sie ein eigenes Waldstück besitzen, brauchen Sie sich über Nachschub keine Gedanken zu machen. Harte Hölzer wie Buche, Eiche oder auch langsam gewachsenes Birkenholz sind für Feuerholz am besten geeignet. Das Holz muss jedoch gut durchgetrocknet sein.

Wenn Sie Feuerholz kaufen müssen, halten Sie ebenfalls Ausschau nach Eiche, Buche oder Birke; vermeiden Sie Fichte, Kiefer und Lärche.

BIRKE Eigentlich das beste Feuerholz, denn es wächst langsam und ist daher kompakt. Birkenholz verbrennt stetig mit gutem Brennwert und versprüht keine Funken. Von daher ist es auch für offene Feuer gut geeignet. Durch seine ätherischen Öle ist es sehr wohlriechend.

EICHE Ein fantastisches Feuerholz mit hohem Brennwert, das aber aufgrund seines hohen Gerbsäuregehalt mindestens 2 bis 3 Jahre trocknen muss. Eiche verbraucht beim Brennen mehr Sauerstoff als beispielsweise Buche.

FICHTE Fichtenholz verbrennt knisternd und funkensprühend und ist daher für offene Kamine keinesfalls zu empfehlen. Für geschlossene Kamine ist es allerdings gegenüber Laubholz eine preiswertere Option. Es trocknet rasch und hat einen mittleren Brennwert.

KIEFER Das wohlriechende Kiefernholz hat dieselben Eigenschaften und damit auch dieselben Vor- und Nachteile wie Fichte und ist daher ebenfalls nur für geschlossene Kamine zu empfehlen.

LÄRCHE Auch Lärchenholz verbrennt mit viel Funkenflug und ist für offene Kamine nicht geeignet. Leicht zu spalten und zu entzünden, verfügt es über einen mittleren Brennwert.

AHORN Ein vielseitiges Holz, das auch für Tischlereiarbeiten sehr beliebt ist. Trotz des hohen Brennwerts und der guten Brenneigenschaften wird es als Feuerholz daher eher selten verwendet.

BUCHE Sehr leicht zu lagern und ein sehr effektives Feuerholz, muss jedoch mindestens 2 Jahre lang trocknen. Sowohl für offene als auch für geschlossene Kamine geeignet. Hoher Brennwert.

ERLE Erle hat eine Trockenzeit von anderthalb Jahren, weist jedoch von allen Holzarten den niedrigsten Brennwert auf.

ESCHE Esche brennt im Prinzip so gut wie Buche oder Eiche, doch das Holz ist sehr schwer zu spalten und daher als Feuerholz relativ unbeliebt. Trockenzeit 2 Jahre, hoher Brennwert.

WEIDE Das sehr schnell wachsende Holz (1 bis 2 Meter pro Jahr) ist für Feuerholz wenig geeignet, denn es hat einen sehr niedrigen Brennwert.

092
Brennholz

RICHTIG TROCKNEN UND LAGERN

Bäume, die für Feuerholz geschlagen wurden, sollten so schnell wie möglich nach dem Fällen aus dem Wald transportiert und gespalten werden. Je schneller die Trocknung beginnen kann, desto früher können Sie es verwenden.

Holz soll niemals direkt auf dem Erdboden gelagert werden, da es sonst leicht fault. Die unterste Schicht mit der Rindenseite nach unten legen, damit Schimmelpilze nicht so schnell in das Holz gelangen.

Stapeln Sie das gespaltene Holz nach Möglichkeit so, dass die Luft frei darunter zirkulieren kann, etwa auf Rundhölzern oder Europaletten.

Größere Stücke vor dem Stapeln immer zu Scheiten spalten, damit das Holz möglichst schimmelfrei trocknet. Längere Stücke trocknen immer von den Enden her nach innen, deshalb dauert es mitunter Jahre, bis diese ganz durchgetrocknet sind.

Die günstigste Zeit, um Bäume zu fällen, ist die Zeit der Winterruhe von November bis März, bevor die Säfte wieder steigen. Frisches Holz muss vor der Verwendung mindestens 2 Jahre trocknen, Eiche bis zu 3 Jahren. Je härter das Holz, desto länger die Lagerungszeit.

Der Brennwert richtet sich nach der im Holz verbliebenen Restfeuchtigkeit. Im Winter beträgt der Wasseranteil vieler Hölzer bis zu 50 Prozent. Wenn man diese trotzdem als Feuerholz verwendet, muss das Wasser erst einmal verdunsten, bevor das Holz optimal brennen kann. Feuchtes Holz produziert eine Menge Ruß, der erstens den Kamin verstopfen kann und zweitens die Luft verpestet.

Wenn Sie das Holz selbst spalten, bemühen Sie sich um möglichst kleine Scheite. Dadurch kommt so viel Luft wie möglich ins Holz, und es trocknet entsprechend schneller.

Der beste Platz für Feuerholz ist in Südlage, gern an einem windigen Ort, der die Wasserverdunstung beschleunigt. Stapeln Sie Feuerholz niemals direkt gegen eine Hauswand, sondern lassen Sie dahinter immer einen kleinen Zwischenraum, damit die Luft frei zirkulieren kann.

Feuerholzstapel sollten nach Möglichkeit unter einem Dach liegen, um sie vor Regen zu schützen. Am besten trocknet man das Holz im Sommer draußen und bringt es dann im Herbst an einen geschützten, überdachten Ort. Ideal ist es, wenn Sie frisch geschlagenes Holz an einem anderen Platz lagern können als gut abgelagertes, gebrauchsfertiges Holz.

Stapeln Sie das Holz nicht zu dicht, so dass genug Luft herankommt. Im Volksmund heißt es, dass eine Maus zwischen den Scheiten Platz haben soll. Feuerholzstapel müssen entweder aus Holzscheiten oder zumindest aus entrindeten Rundhölzern bestehen. Laubholz trocknet langsamer, da es härter ist und durch die feste Rinde vor Verdunstung geschützt ist. Am günstigsten ist ein trockener Lagerplatz in direkter Sonne.

Das Errichten einer Holzmiete (siehe Bild) ist eine altbewährte Lagerungsmethode. Dabei werden die Holzscheite im Kreis gestapelt und die Mitte mit schlecht zu stapelnden Abschnitten aufgefüllt. Die Holzmiete verjüngt sich leicht nach oben, damit sie stabil bleibt. Die obersten Scheite möglichst so platzieren, dass Regen und Schnee vom Zentrum weggeleitet werden.

ALTBEWÄHRTE METHODEN

093
Kleine Wetterkunde

AUF DEM LAND war man schon immer und auch ohne Wetterbericht in Radio und Fernsehen imstande, das Wetter vorherzusagen. Im Laufe der Jahrhunderte hatte man durch die genaue Beobachtung der Natur gelernt, welche Wetterveränderungen bestimmte Wolkenformen, Temperaturveränderungen und Windverhältnisse mit sich bringen.

Die Erfahrung zeigt, dass die Treffsicherheit des Wetterberichts im Allgemeinen recht unzuverlässig ist, besonders in Bezug auf längerfristige Prognosen. Bauern und Kleingärtner tun oft besser daran, einfach einmal vor die Tür zu treten und sich den Himmel anzuschauen.

Zuallererst lohnt es sich zu lernen, welches Wetter auf bestimmte Windverhältnisse folgt: also, zum Beispiel, dass es immer regnet, wenn der Wind aus einer bestimmten Richtung kommt, oder, dass der Wind abends immer abflaut, wenn das Wetter von bedeckt auf sonnig umschlägt. Da der Wind von bestimmten Luftdruckverhältnissen abhängt, kann man aus bestimmten Windrichtungen und -verhältnissen auch bestimmte Wetterverhältnisse ableiten. Das sind selbstverständlich nur Faustregeln, aber immerhin ein guter Hinweis darauf, dass Wetterumschwünge oft von der Windrichtung abhängen. Ebenso sagt der Volksmund, dass das Abflauen von starken, trockenen Winden oft von Regen begleitet ist oder dass Nebel, auf den Wind folgt, häufig Regen mit sich bringt.

Ein weiterer aufschlussreicher Indikator ist ein Blick auf die Tierwelt. Bei schönem Wetter, also bei Hochdruck, fliegen auch die Insekten und folglich die Vögel hoch am Himmel. Wird das Wetter schlechter, fliegen die Vögel auf der Insektenjagd dichter über dem Erdboden. Ungewöhnliche Aktivität bei den Kaninchen weist ebenfalls auf einen Wetterumschwung hin.

Auch an der alten Bauernregel »Abendrot – gut Wetter droht; Morgenrot, schlecht Wetter droht« ist durchaus etwas dran. Ein roter Sonnenuntergang bedeutet, dass die Luftfeuchtigkeit gering ist und es daher am nächsten Tag vermutlich nicht regnen wird. Ein roter Sonnenaufgang hingegen ist die Reflektion des Sonnenlichts durch Nebel und Wolken und bedeutet, dass Regen oder Schnee bevorstehen.

Wolkenformen

HAUFENWOLKEN (siehe Bild). Die typischen Sommer- und Schönwetterwolken. Wenn sie sich auftürmen, kann es später Regen geben.

ZIRRUSWOLKEN Dünne weiße Wolkenfedern ziehen sich über den blauen Himmel. Wenn sich an einem Ende Häkchen befinden, die sich zum Horizont hin verdichten, kann man innerhalb des nächsten Tages mit Regen rechnen.

SCHLEIERWOLKEN Ein dünner Wolkenschleier, der sich immer weiter verbreitet, deutet auf Regen hin. Wenn die Sonne hindurchscheint, beobachtet man manchmal Halo-Effekte. Dies ist ein Anzeichen für Niederschläge innerhalb der nächsten 12 Stunden.

REGEN- UND SCHNEEWOLKEN Eine dichte, tiefe Wolkendecke bringt Regen oder Schnee innerhalb der nächsten 4 bis 6 Stunden, der einige Stunden andauern kann.

NEBELWOLKEN Diese bilden sich dicht über dem Boden, oft um Berge und Hügel herum. Nebel kann Nieselregen mit sich bringen. Auf Morgennebel folgt meist gutes Wetter.

094
Ein Notstromaggregat

ALS ENERGIERESERVE

BESONDERS IM WINTERHALBJAHR haben einsam gelegene Gehöfte oder Hütten oft mit unzuverlässiger Energieversorgung zu kämpfen. Ein längerer Stromausfall kann da verheerende Folgen haben.

Ganz ohne Strom funktioniert eine Zentralheizung nicht, egal, ob sie mit Öl, Solarthermie oder Wärmepumpe betrieben wird. Wenn der Strom einmal ausfällt, brauchen Sie zur Überbrückung ein leistungsstarkes Notstromaggregat. Dieses wurde früher meist durch eigene Dieselmotoren angetrieben oder konnte beispielsweise an den Traktor angeschlossen werden. Inzwischen jedoch gibt es tragbare und relativ leise Generatoren, die nicht nur für Campingwagen, sondern auch für kleinere Bauernhäuser oder Hütten ideal sind. Denken Sie daran, dass die Verbindungen im Ernstfall schnell hergestellt werden müssen, und sorgen Sie daher schon im Voraus für genügend Kabel und Steckdosen.

Tragbare Generatoren sind natürlich nicht geeignet, um damit einen ganzen Hof zu betreiben. Wenn also totaler Stromausfall keine Seltenheit ist, lohnt es sich, in ein ausreichend großes Aggregat zu investieren, das gleichzeitig Wasserpumpe und Kühl-/Gefrierschrank mit Strom versorgen kann. Die Kosten dafür sind jedoch nicht unerheblich und sollten daher bei Neuerwerbungen gleich mit eingeplant werden.

Selbst wenn der Hersteller versichert, dass seine Notstromaggregate absolut verlässlich und betriebssicher sind, haben Warentests gezeigt, dass sich bei Dauerbetrieb dennoch das Risiko von Betriebsstörungen, erhöhtem Brennstoffverbrauch und Schäden am Stromnetz oder am Generator selbst erhöht. Wartung und Pflege sind also auch hier unerlässlich. Inspizieren Sie den Generator mehrmals pro Jahr, um sicherzugehen, dass er einwandfrei funktioniert. Achten Sie vor allem darauf, dass der Treibstofftank intakt und vor allem leer ist, um Brandgefahr auszuschließen, und halten Sie stattdessen immer ein paar volle Kanister Treibstoff in der Nähe bereit.

Inzwischen gibt es Notstromaggregate in vielen Größen und Ausführungen im Handel, doch nicht alle liefern dauerhaft gleichbleibende Stromspannung. Viele Geräte, darunter Computer, Fernseher und Wärmepumpen, können durch schwankenden Stromverbrauch Schaden nehmen; daher lohnt es sich, vor dem Kauf erst einmal die einschlägigen Testberichte zu studieren und sich bei der Verbraucherzentrale zu erkundigen.

WARTUNG DES NOTSTROMAGGREGATS

→ Kontrollieren Sie Zündkerze, Funkenschutz und Ventile. Den Brennraum nach etwa 300 Betriebsstunden reinigen und den Ölstand prüfen.

→ Den Filter nach den Servicevorgaben wechseln.

→ Den Generator möglichst staubfrei, trocken und vor allem vor Nagetieren geschützt lagern. Ratten und Mäuse fühlen sich von Benzinschläuchen nämlich magisch angezogen und können schlimmen Schaden verursachen.

095
Ein Windkraftwerk im Garten

OBWOHL KLEINE WINDKRAFTANLAGEN meist nicht besonders viel Strom produzieren, ist selbst diese geringe Menge auf einem kleinen Hof ein willkommener Energiezuschuss.

Die wichtigste Voraussetzung für eine Windkraftanlage ist natürlich der Wind selbst. Schon geringe Veränderungen der Windrichtung können große Auswirkungen auf die Stromproduktion haben. Verdoppelt sich die Windstärke, verachtfacht sich nämlich die Stromerzeugung! Anders gesagt, lohnt es sich wirklich, das Windrad dort aufzustellen, wo es am windigsten ist, und vor allem sämtliche Hindernisse aus dem Weg zu räumen.

Der erste Schritt zum eigenen Windkraftwerk ist, wie immer, erst einmal der Gang zu den entsprechenden Ämtern und Behörden, um alle Fragen bezüglich Baugenehmigung und Auflagen zu klären. Es gibt sehr detaillierte Vorschriften bezüglich der Größe und Bauart eines Windrads, vor allem in Hinblick darauf, wo Sie wohnen.

Natürlich darf das geplante Windkraftwerk weder für die Nachbarn noch für die Natur selbst einen Störfaktor darstellen. Es gelten bestimmte Sicherheitsabstände zu Mauern, Eisenbahnstrecken und Stromleitungen. Die gebräuchlichsten Windräder haben einen Rotor mit horizontaler Achse, doch es gibt auch Ausführungen mit vertikaler Achse. Diese sind im Allgemeinen leiser und nicht darauf angewiesen, dass der Wind aus einer bestimmten Richtung bläst.

Windkraftwerke, die imstande sind, einen ganzen Hof mit Strom zu versorgen, sind natürlich recht teuer in der Anschaffung. Doch eine Kleinwindkraftanlage an einem Ferienhaus, das nicht an das öffentliche Stromnetz angeschlossen ist, kann sich beispielsweise wirklich lohnen. Wenn der erzeugte Strom in einer Batterie gespeichert wird, reicht dieser meist schon zum Betreiben der Beleuchtung, eines Fernsehers und eines kleinen Kühlschranks aus. Wenn man dazu noch eine Solaranlage installiert, hat man auch bei Windstille ausreichend Strom zur Verfügung.

Vor allem für sehr entlegene Ferienhäuser oder Berghütten ist die Installierung eines Windrads – gern im Verbund mit Solarzellen – oft preiswerter als der Anschluss an das öffentliche Stromnetz.

096
Die richtige Zugmaschine

DEN RICHTIGEN TRAKTOR für die eigenen Bedürfnisse zu finden, ist schon eine ziemliche Herausforderung. Zugmaschinen sind groß und schwer und vor allem richtig teuer. Ein Motorgeräteträger ist zwar kleiner und billiger, aber man kann ihn eben auch nur auf dem Feld einsetzen. Ein Quad (ATV All Terrain Vehicle) hingegen ist nicht nur ziemlich cool, sondern sogar praktisch und vergleichsweise preiswert.

Wenn Sie größere Felder bestellen müssen, ist ein Traktor nebst Anhänger und allen sonstigen Schikanen natürlich das vielseitigste Gerät für Sie. Traktoren können schwere Lasten nicht nur ziehen, sondern mit den richtigen Zusatzteilen auch ziemlich weit in die Höhe heben. Das ist sehr praktisch, wenn Sie Heu und Stroh auf Heuböden verladen oder einen Kieshaufen verlegen müssen.

Der Nachteil ist, dass solche Maschinen sehr schwer sind und sich daher für einen kleinen Hof nicht unbedingt eignen. Außerdem gehen sie auch gelegentlich einmal kaputt, und dann kann es richtig teuer werden.

Gebrauchte Traktoren bekannter Marken aus den 1960er- und 1970er-Jahren mitsamt passendem Anhänger sind vielleicht als Erstanschaffung die günstigste Wahl. Allerdings haben sie meist Zweiradantrieb. Neue Traktoren mit Vierradantrieb und Servolenkung jedoch kosten locker das Dreifache.

Kaufen Sie niemals einen Traktor, ohne ihn vorher zu besteigen. Schauen Sie sich vor allem die Reifen an, denn speziell die Hinterreifen sind sehr teuer in der Anschaffung. Gibt es viele Rost- oder Ölaustrittstellen? Man kann so ziemlich alles reparieren oder nachkaufen, wenn man genügend Geld dafür ausgibt, aber das ist ja nicht der Gedanke hinter dem Erwerb eines günstigen Fahrzeugs aus zweiter Hand.

Wenn Sie ein Fahrzeug von einem anderen Kleinbauern kaufen, sollten Sie nach Möglichkeit alles bereits vorhandene Zubehör dazu erwerben, dann haben sie hinterher keine Probleme mit Anhängern, Greifern, Gabeln und dergleichen, die wegen Unterschieden in Bauart oder Baujahr nicht mit dem Fahrzeug kombinierbar sind. Nehmen Sie auch die Schneeketten mit, wenn es welche gibt.

Motorgeräteträger gehören heute genau wie Traktoren ins typische Bild eines Bauernhofes, und daher gibt es dafür inzwischen auch eine große Auswahl an Zusatzgeräten, die man daran ankoppeln kann.

Bei Quads unterscheidet man zwischen solchen, die für den öffentlichen Verkehr zugelassen sind, und solchen, die nur auf dem eigenen Gelände gefahren werden dürfen. Hier ist der Gebrauchtmarkt ziemlich groß, wenn Sie kein neues Fahrzeug kaufen wollen. Es gibt auch für Quads mittlerweile eine große Auswahl von Anhängern und Zusatzgeräten.

Eigentlich gibt es bei der Entscheidung zwischen Traktor, Motorgeräteträger und Quad nur zwei ausschlaggebende Faktoren: Das Portemonnaie und die Größe des Anwesens. Mit einem kleinen Traktor kann man 1,5 Hektar Boden am Tag pflügen, ein großer Traktor schafft das Doppelte. Mit einem Motorgeräteträger jedoch braucht man für dieselbe Fläche mehrere Tage, und sehr wahrscheinlich werden Sie der Lärm, das Gerüttel und die Auspuffabgase schon lange vorher wahnsinnig gemacht haben.

097
Der richtige Anhänger

DIE WAHL DES Anhängers richtet sich nach dem, was darin transportiert werden soll. Müssen Sie damit lange Wege zurücklegen, wird er auf dem Feld gebraucht oder nur, um Schrott und Grünabfälle zum Recyclinghof zu bringen?

Inzwischen hat man, was Fahrzeuganhänger betrifft, wahrlich die Qual der Wahl: Anhänger und Trailer mit und ohne Bremsen, die speziell für PKWs gedacht sind, Traktoranhänger und sogar Anhänger für Quads und fahrbare Rasenmäher. Ihre Wahl sollte vor allem darauf beruhen, ob Sie den Anhänger für unebenes Terrain brauchen oder ob er nur auf festen Wegen und Straßen verwendet werden soll.

PKW-ANHÄNGER Pferdebesitzer schwören auf die Vielseitigkeit von Pferdetrailern, vor allem solchen für zwei Pferde. Man kann damit nämlich nicht nur Pferde transportieren, sondern auch Mengen an Heu und Stroh. Und natürlich passen dort auch Schafe, Ziegen und Schweine hinein. Der Nachteil ist, dass der Trailer vorn spitz zuläuft, sodass er für großflächige Lasten weniger gut geeignet ist.
Es gibt auch Anhänger ohne Seitenwände, mit Gitteraufsatz oder mit Plane. Vor allem muss Ihr Anhänger so vielseitig wie möglich sein. Er sollte außerdem grundsätzlich unter einem Dach geparkt werden, selbst wenn er mit verzinktem Stahlgitter oder einer wetterfesten Plane ausgestattet ist. Es muss nicht unbedingt eine Garage sein, aber ein Carport ist schon unerlässlich. Nehmen Sie lieber einen Anhänger mit Bremse, da man ohne Bremse nur bis 25 Kilometer/Stunde fahren darf. Der Markt für gebrauchte Anhänger ist übrigens enorm; es muss wirklich kein neuer sein!

TRAKTORANHÄNGER Auch hier ist die Auswahl riesig, angefangen von alten, ein- und zweiachsigen Hängern bis hin zu hochmodernen Dreiseitenkippern. Alte Anhänger sind natürlich billiger, doch die hölzerne Ladefläche ist oft nicht mehr im allerbesten Zustand. Modernere ein- oder zweiachsige Anhänger sind bereits mit Ladeflächen aus galvanisiertem Stahlblech und lackiertem Fahrgestell ausgestattet. Für einen kleinen Hof braucht man einen Anhänger für mindestens 3 bis 4 Tonnen, doch mit einem 5-bis-6-Tonner kommt man wesentlich weiter. Die zusätzliche Ausgabe, auch für Elektrik und Hydraulik, lohnt sich auf jeden Fall.

QUAD-ANHÄNGER Auch hier hat man die Qual der Wahl zwischen Forst-, Greifarm-, Flach oder Kippanhängern. Am praktischsten sind dabei jedoch Multifunktionsanhänger mit austauschbaren Komponenten.

TIPP
Statten Sie Ihren Jeep oder Ihr Quad mit einer beweglichen Maul-Kugelkupplung (Triplex-Kupplung) aus, dann können Sie damit sowohl PKW- als auch Traktoranhänger ziehen.

STROM UND FAHRZEUGE

098
Schweißen für den Hausgebrauch

SCHWEISSEN BRAUCHT EINIGES an Ausbildung und Erfahrung. Hier werden nur die wichtigen Verfahren kurz vorgestellt.

Im Grunde ist Schweißen eine einfache Methode, Metalle zusammenzufügen. Man erhitzt dabei die zu verbindenden Teile und schmilzt ein drittes Metall in der Nahtstelle, wodurch sich die beiden Teile fest miteinander verbinden.

Moderne Schweißaggregate sind klein und handlich, und man kann mit ihnen in der Metall-Schutzgasschweißtechnik (MIG/MAG), der Wolfram-Inertgasschweißtechnik (TIG) oder der Lichtbogenhandschmelztechnik arbeiten. Auch Gasschmelzschweißen (ein Vorgänger des Lichtbogenhandschweißens) ist damit möglich.

GRUNDSÄTZLICH WICHTIG: Schutzkleidung, Schutzhelm mit Visier und Schutzhandschuhe.

METALL-SCHUTZGASSCHWEISSEN (MIG/MAG) ist ein Lichtbogenschweißverfahren, bei dem der Schweißdraht automatisch kontinuierlich nachgeführt wird. Beim MIG-Verfahren wird mit inerten Gasen gearbeitet, beim MAG-Verfahren mit aktiven, reaktionsfähigen Gasen. Heimwerker verwenden dabei eher Fülldrähte, die im Innern mit Schlackebildnern und Legierungszusätzen versehen sind. Der Schweißdraht ist positiv geladen und das zu bearbeitende Metall negativ, wodurch bei Kontakt der Elektronen ein Kurzschluss ausgelöst und dadurch ein Lichtbogen erzeugt wird. Durch die so entstandene Hitze schmilzt der Draht und verbindet die Metallteile durch eine Schweißnaht miteinander. Alle Verbindungsstellen müssen blank und sauber sein, denn Oxidation verhindert den Kontakt von Schweißdraht und Metall. *Geeignet für* Eisen, Weißblech und Stahl sowie Aluminium (mit Hilfe eines speziellen Aluminiumdrahts).

WOLFRAM-INERTGASSCHWEISSEN (TIG) Auch bei dieser Technik bildet sich die Schweißnaht mit Hilfe eines elektrisch induzierten Lichtbogens zwischen der positiv geladenen Komponente (dem Schweißmittel) und den negativ geladenen, zu verbindenden Metallflächen. Im Gegensatz zum MIG/MAG-Schweißen wird hier der Schweißdraht per Hand zugeführt. *Geeignet für* dünne Metallteile wie Blech oder Aluminium.

GASSCHMELZSCHWEISSEN Ähnlich wie beim TIG-Verfahren ist hier vor allem, dass dabei das Schweißgerät in einer Hand und das Schweißmittel in der anderen gehalten werden. Es wird jedoch nicht mit Strom gearbeitet, sondern mit Gas. Dabei werden dem Werkstoff gleichzeitig Acetylengas und Sauerstoff zugeführt, denn die Luft allein enthält nicht genug Sauerstoff, um das Gas optimal zu erhitzen. Der Vorteil ist, dass man diese Methode überall anwenden kann, sogar im Wald. *Geeignet für* Blech, Eisen und Stahl.

LICHTBOGENHANDSCHWEISSEN Eine klassische, seit Generationen angewandte Methode. Wenn Sie das Glück haben, auf ein traditionelles Elektro-Schweißgerät zu stoßen, sollten Sie sofort zugreifen. Hier wird der elektrische Lichtbogen zwischen einer als Zusatzwerkstoff abschmelzenden Elektrode und dem Werkstück als Wärmequelle zum Schweißen genutzt. Durch die hohe Temperatur des Lichtbogens wird der Werkstoff an der Schweißstelle aufgeschmolzen. Elektrodenschweißungen sind ebenfalls bei schlechten Witterungsbedingungen möglich und daher gerade im Außenbereich eine gute Lösung. *Geeignet für:* Eisen, Stahl, Blech. Da das Werkstück stark erhitzt wird, auch für großformatige Teile gut geeignet. Dünnes Blech dagegen kann sehr leicht durchbrennen.

099
Photovoltaik

ENERGIE AUS SONNENSTRAHLEN

DURCH DIE INSTALLATION von Solarzellen können Sie selbst Strom erzeugen. Einfach ausgedrückt ist eine Solarzelle eine Art Fotodiode aus einem Halbleitermaterial (normalerweise Silizium), in der Sonnenlicht direkt in elektrische Energie umgewandelt wird. Die handelsüblichen Solarzellen wandeln circa 15 Prozent des auftreffenden Sonnenlichts in Strom um, der Rest wird abgestrahlt oder in Wärmestrahlung umgewandelt.

Eine 1-Kilowatt-Anlage produziert auf 8 Quadratmetern etwa 850 Kilowattstunden pro Jahr. Am effektivsten arbeitet sie direkt nach Süden ausgerichtet im Winkel von 30 bis 50 Grad. Wenn das Dach nicht nach Süden ausgerichtet ist, kann man Solarzellen auch auf Gestellen montieren. Das passt sich zwar nicht so gut ins Landschaftsbild ein und ist auch etwas teurer in der Anschaffung, macht sich aber durch die höhere Leistung bezahlt.

Bevor Sie sich zum Kauf entscheiden, sollten Sie sich Angebote verschiedener Hersteller einholen. Am besten ist es, wenn die Aufstellung der Anlage im Kaufpreis inbegriffen ist. Erkundigen Sie sich auch bei den entsprechenden Ämtern und Behörden nach den aktuellen Auflagen und Vorschriften. Wenn die Solaranlage direkt ans Stromnetz angeschlossen wird (das kann nur von einem dafür ausgebildeten Elektriker durchgeführt werden!), können Sie eventuell produzierten Stromüberschuss an das örtliche Elektrizitätswerk weiterverkaufen.

Die Effektivität der Anlage variiert je nach Sonnenstand und Bewölkungsdichte. Maximale Leistung wird nur in rund 4 Stunden täglich erbracht. Auch bei dichter Bewölkung wird Strom produziert, wenn auch in geringerer Menge.

Man kann die Leistung der Anlage durch den Einbau einer automatischen Steuerung optimieren. Damit werden die Zellen immer optimal zur Sonne ausgerichtet. Eine solche Anlage bringt bis zu 60 Prozent mehr Leistung pro Tag (10 Prozent mehr im Jahresdurchschnitt). Im Sommer arbeiten schräg aufgestellte Solarzellen am besten (eine Neigung von 40 Prozent ist optimal), während im Winter vertikal an der Hauswand montierte Zellen günstiger sind, denn hier besteht weniger Risiko, dass sie durch Schnee und Eis geschädigt werden.

Für ein Ferienhaus oder eine Berghütte, in der man sich nur selten und über relativ kurze Zeiträume aufhält, reicht eine kleine Solarzelle mit Batterie, doch hier muss die Ampèreleistung höher sein. Dann kann sich die Batterie während Ihrer Abwesenheit aufladen, und Sie haben bei der Rückkehr genügend Strom zu Verfügung. Wenn sich Ihr Aufenthalt dort allerdings über längere Zeiträume erstreckt, brauchen Sie eine entsprechend größere Anlage. Man sollte die Batterien von Ferienhäusern etc. nicht mehr als bis zur Hälfte verbrauchen, damit sie länger halten. Eine 80 Ah-Batterie darf demnach nur bis 40 Ah verbraucht werden, bevor sie wieder nachgeladen wird. Es gibt jedoch auch stärkere Batterien, die stärkeren Verbrauch unbeschadet überstehen.

Verwenden sie jedoch keine Autobatterien, denn diese sind darauf angelegt, viel Strom auf kurze Dauer zu liefern. Freizeitbatterien hingegen sind auf die Abgabe von geringeren Strommengen über einen langen Zeitraum hin konzipiert.

100
Solarkollektoren

MIT DER INSTALLATION von thermischen Solarkollektoren kann man die Heizkosten für Wasser dramatisch senken. Erhebungen zufolge mindert sich dadurch auch der Stromverbrauch bis zu 50 Prozent.

Die Solarkollektoren werden wie Solarzellen auf dem Dach montiert und wandeln das einfallende Sonnenlicht jedoch nicht, wie diese, in Strom, sondern in Wärme um. Die Sonneneinstrahlung wird über den Solarabsorber, den Zentralbestandteil des Kollektors, an den die Zelle durchfließenden Wärmeträger (z. B. Glykol) übertragen. Von dort aus wird die Wärme über Wärmetauscher in den Solarspeicher abgeführt.

An einen solchen Solarspeicher kann man mehrere Wärmequellen anschließen, die einander ergänzen: neben dem Solarkollektor zum Beispiel einen wasserführenden Kamin, einen Holz-Heizkessel oder eine Ölheizung.

Die besten Resultate bekommt man, wenn der Kollektor direkt nach Süden ausgerichtet ist. Dann kann man auch noch die Sonnentage im Spätherbst und Frühwinter nutzen, wenn die Sonne schon sehr niedrig am Himmel steht.

Man kann die Anlage ausschließlich zur Warmwasserbereitung oder auch zur Heizungsunterstützung verwenden. Als Daumenregel veranschlagt man einen Quadratmeter Solarkollektorfläche pro Haushaltsmitglied für eine Warmwassererzeugung, sowie 2 bis 3 Quadratmeter pro Person mit Heizungsunterstützung. Ein Solarspeicher sollte pro Quadratmeter Solarkollektorfläche mindestens 75 Liter Wasser fassen.

Dann muss man sich noch zwischen der Aufstellung von Flachkollektoren oder Vakuumröhrenkollektoren entscheiden. Flachkollektoren sind zwar zunächst einmal preiswerter, aber Vakuumröhrenkollektoren sind leistungsfähiger und insbesondere unter schwierigen Standortbedingungen eine bessere Wahl.

Man kann Vakuumröhrenkollektoren auch horizontal oder vertikal montieren, während man für Flachkollektoren meist einen Aufstellwinkel zwischen 30 und 60 Grad wählt.

Wirtschaftlichkeit

Inzwischen kann man eine Solaranlage durchaus wirtschaftlich sinnvoll betreiben. Die Amortisationszeit so einer Solarthermieanlage hängt zwar einerseits von der Sonneneinstrahlung ab, doch da sich die Anlage nur über die eingesparte Brennstoffenergie rechnet, beruht sie hauptsächlich auf der Haltbarkeit der Komponenten. Bei der Nutzung von solarer Wärme zur Heizungsunterstützung sind Südausrichtung, hochwertige Kollektoren, ein guter Solarspeicher sowie eine hydraulisch gut abgeglichene Heizung wichtig.

Flachkollektoren sind zwar weniger effektiv, dafür aber gegenüber den Vakuumröhrenkollektoren weitestgehend wartungsfrei.

Register

A

Abhängen (Fleisch) 50
Ahle 47
Ammoniak 183
Anhänger 212
Anzuchtkasten 25, 120
Anzuchtsubstrat 15
Apfel 69
Apfelmost 79
Apfelmus 75
Arbeitspferd 34 f.
Ascorbinsäure 52
Auspflanzen 90
Außentoilette 170

B

Bauholz 148
Baum, windresistent 143
Baumfällen 198 f.
Baumschorf 65
Beeren 70 ff., 136
Beinwellwasser 97
beschneiden 65
Bestäubung 105
Beton 165
Bewässerung 136
Biene 33
Bier, selbstgebraut 83
Birkensaft 80
Birkenshampoo 188
Birne 68
Blattkohl 116
Blattlaus 119, 121
Blattschimmel 93
Boden 15
Bodenfeuchtigkeit 101
Bodentest 186

Bratwurst 56
brauen, Bier 83
Brennholz 144, 147 f., 201 f.
Brunst (Schaf) 29
Brunst (Ziege) 37

C

CAE-Virus (Ziegen) 29
Chips 55
Chorizo 57
Chunks 55

D

Dach 156
Dachziegel 155
Darm 56
Dill 111 f.
Drainage 151 f., 155, 160
Dünger 15, 42, 97 f., 120, 179

E

Eber 38
Edelreis 66
Egge 41
Ei 30
Eichenholz 147
einfrieren 74
einkochen 74
Elektrozaun 131
entsaften 74
Entwässerung 155
Erdbeersaft 76
Erdkeller 124, 159
Erdmiete 124
Ergänzungsfutter 37
Erste Hilfe 162 f.

F

Farbpigmente 174
Felderwirtschaft 42
Fell 44
Ferkel 38
Fett 56
Fettgerbung 44
Fisch 55, 63, 191
Flachkollektor 219
Fleisch 50, 63
Fliegenbekämpfung 195
Florfliege 121
Forstarbeit 199
Freilandgemüse 136
Fremdkörper (im Auge) 163
Fruchtfolge 42, 179
Fruchtsaft 76
Fruchtwechsel 120
Frühbeet 25, 102
Fugensand 152
Futterstation 128

G

Gärfutter (Silage) 29
Gartenvlies 15, 106, 123
Gärung 83
Garzeit 63
Gehegegröße 37
Gemüse 25, 63, 106
– frostverträglich 25
Generator 207
gerben 44
Gewächshaus 25, 87, 102, 120, 173
Gewürze 23
Glykogen 50
Goldwasser 97, 120
Grasschnitt 15, 183, 185

Graufäule *119, 121*
Grauwasser *135* f.
Großfisch *191*
Grundstamm *66*
Gründüngerpflanze *179*
Grünlandsaat *179*

H

Hackfleisch *59*
Hase *131*
Hausmittel *21*
Hausschlachtung *48* ff.
Haut *44* f.
Hecke *143*
Herbstlaub *185*
Heu *29, 35, 37, 41*
Hochbeet *94*
Holunderblütensirup *76*
Holzfällen *201*
Holzhaus *165*
Holzmiete *202*
Holzschutzmittel *177*
Holzteer *177*
Holzzaun *144, 147, 148*
Honig *33*
Huhn *30*
Hühnerstall *169*

I

Infusionsmaische *83*
Insektenbekämpfungsmittel *116*
Insektenhotel *128*
Instandsetzung *165*

J

Jungsau *38*

K

Kalkanstrich *174*
Kalkbruch *165*
Kalkfarbe *174*
Kaltbeet *102*
Kaltblut *34*
Kaminholz *201*
Kaninchen *44*
Kernholz *147*
Kiefernholz *147*
Kies *152*
Kirsche *68*

Kleinfisch *191*
Kochgrube *62* f.
Kochmaische *83*
Kohl *22, 109* f.
Kohlehydrat *16*
Kompensationspunkt *15*
Kompost *180, 183, 186* f.
Komposterde *15*
Kompostierung (Latrinenabfall) *170*
Kopfsteinpflaster *152*
Kraftfutter *29, 37*
Kräuter *25* f.
Kräuter, essbare *15*
 – trocknen *26*
Kräutergarten *101, 115*
Küchengarten *101*
Kulturpflanze *41*

L

Lamm *29, 59*
Lärchenholz *147*
Laubmull *185, 187*
Leder *44* ff.
Legeleistung *30*
Lehm *186*
Lufttrocknung *52* f.

M

Maedi-Visna-Erkrankung (Schafe) *8*
Malztreber *83* ff.
 – Brot *84*
Marienkäfer *121*
Mauersohle *151*
Maus *196*
Mehltau *119, 121, 136*
Mehltau *136*
Mehrfelderwirtschaft *179*
Menthol *19*
Milchsäure *50*
Milchsäurebakterien *22*
Milchsäuregärung *22* f.
Mineralstoffe *37, 98*
Mist *42*
Mizuna *116*
Möhrenfliege *123*
Monokultur *127*
mosten *79*
Motorgeräteträger *2022*
Mücke *192*

Mulchen *15*
Mull *186* f.
Mutterboden *94, 186*
Mutterschaf (Zibbe) *29*

N

Nacktschnecke *121, 132*
Nagetier *131*
Nähmaschine *47*
Nährstoffe *42, 179, 186*
Nährstoffmangel *120*
Nasenbluten *162*
Natron *21*
Naturwiese *127* f.
Nematoden *132*
Nesselwasser *97, 120*
Netz *123*
Nistkasten *139*
Notstromaggregat *207*

O

Obst *136*
Obstpresse *79*
ökologisches Gleichgewicht *191*
okulieren *66*
Orangerie *173*
Oxytoxin *19*

P

Pech *177*
Petersilie *21, 25, 112* f.
Pfeffer *52*
Pferd *34* f.
Pflanzengerbung *44*
Pflanzensamen *88* f.
Pflanzenschutzmittel *119*
Pflanzgefäß *94*
Pflanztopf *93*
Pflanztunnel *106*
Pflug *41*
Pflug *41*
pfropfen *66*
Pheromon *33*
Photosynthese *121*
pH-Wert *50*
pökeln *52* f., *55*
Pökelsalz *52*
Polyphenole *19*
probiotisch *22*
Protein *16*

Q

Quad *211*

R

Rattenfalle *196* f.
Raufutter *35*
räuchern (Fleisch, Fisch) *55*
– kalträuchern *55*
– warmräuchern *55*
Recyclingmaterial *173*
Reet *156*
Regenwasser *135* f.
Reh *131*
Rind *44, 59*
Rindenmulch *187*
Rindenpfropfen *66*
Ringwalze *41*
Rundsaat *42*
Rüttler *152*

S

Salatpflanzen *116*
Saltometer *53*
Salz *22, 52* f.
Salzlake *53*
Samen *88* f.
Sämling *90*
Sand *186*
Sau *52*
Sau (Tragzeit) *38*
Sauerkraut *22*
säuern *74*
Schädlinge *115, 119*
Schädlingsgitter *196*
Schaf *29*
Schaf- und Ziegendatenbank *29*
Schimmel *22, 120, 136*
Schinken *52*
schlachten *48* ff.
Schluff *186*
Schmalz *53, 56*
Schnecken *132*
Schneiderrad *47*
Schneitelung *185*
Schusternaht *47*
Schwein *38, 52, 59*
Schweißen *215*
Seetang *98*
Seife *188*

Setzling *110*
Silage *29,*
Singvögel *128*
Skorbut *22*
Solarabsorber *219*
Solaranlage *216*
Solarkollektoren *219*
Solarzellen *219*
Sonnenwärme *101*
Spaltpfropfen *66*
Spanische Wegschnecke *132*
Spritzbeutel *56*
Spundwand *15*
Stall *165* ff.
Stallmist *42, 186* f.
Stärkemehl *53*
Steckling *87*
Steinboden *165*
Stich (Biene) *162*
Stickstoff *42, 179*
Stinkfliege *123*
Stroh *25, 35*
Stromausfall *207*
Stromnetz *216*
Substrat *15*
Sumpfmücke *192*

T

Teer *177*
Teerwasser *177*
Teich *191* Ton *186*
Tonrohr *155*
Torf *185*
Trächtigkeit (Ziege) *37*
Tragzeit (Sau) *38*
– (Schaf) *29*
Traktor *297, 211*
Treibhaus *120* f.
Treibhausgemüse *136*
Trieb *65*
Trockensteinmauer *151*
Trocknung (Kräuter) *26*

U

Unkrautvermeidung *15*

V

Vakuumröhrenkollektor *219*
Verbandskasten *162*
veredeln *66*

vergeilen *93*
Verlegesand *152*
Verstauchung *163*
Viehstall *166*
Vitamin C *16*
Vogelfutter *140*
vorkeimen *90, 93*
vorkultivieren *109*
vorziehen *106*

W

Wald *148*
– Dünger *148*
– Mischwald *148*
Wallhecke *143*
Warmbeet *102*
Waschmittel
Wassertank *135*
Weidefläche *29*
Wespenstich *162*
Wetter *205*
Wiesensaat *42*
Wild *44, 59*
Wildschutzzaun *131*
Wildschwein *131*
Wildverbiss *131*
Windkraftanlage *209*
Windschutz *143*
Winterruhe *202*
Wintersaat *42*
Wunde *162*
Wurstdarm *56*
Wurstspritze *56*
Wurzelgemüse *25*
Wurzelunkraut *15*

Z

Zaun *144*
Zibbe (Mutterschaf) *29*
Ziege *37*
Ziegenkäse *37*
Zucker *52*
Zugmaschine *211*
Zwiebelfliege *123*
Zwischenfrucht *42*

VIELEN DANK AN

Maria Wivstad, Thomas und Yvonne Hallqvist, Elna Schott, Ann-Louise Fransson, Sara Bäckmo, Bernd und Isan Barty, das Kretsloppshuset in Mörsil, Familie Nordström, Jessica und Peter Wictorsson, Elisabeth und Bo Skandevall, Johan Widing, Per-Inge und Mona Persson, Jarl Wernersson, Åsa und Per-Arne Olsson, Annika Ohlsson, Mikael Hjelmqvist, Sven und Rebecca Welander, Kristina Kämpargård, Bo Angelsmark, Margareta Truedsson, Kristina Torstensson, Stefan Jönsson, Annelie Svensson, Christopher Gårner, Fredrik Gröndahl, Mats Persson, Hulda Lundin, Vernice Wiberg, Anna und Lars Mårtensson, Göran Bergqvist, Boel und Lars Dahlberg, Lars und Anne Nilsson, Jenny Harlen und Ulf Ellervik.

Vielen Dank an alle Nachbarn, die mir ihre Türen öffneten und erlaubt haben, bei ihnen zu fotografieren. Und Danke an die weltbesten Kinder, Kalle und Hilda Kämpargård.